W0260309

Über die Darstellung der Hornhautoberfläche und ihrer Veränderungen im Reflexbild

Über die Darstellung der Hornhautoberfläche und ihrer Veränderungen im Reflexbild

Von

Dr. F. P. Fischer
in Leipzig

Mit 112 Abbildungen im Text

München
Verlag von J. F. Bergmann
1928

ISBN 978-3-642-50498-3 ISBN 978-3-642-50808-0 (eBook)
DOI 10.1007/978-3-642-50808-0

Sonderausgabe aus Archiv für Augenheilkunde
Redigiert von K. Wessely und E. Hertel
98. Band, Ergänzungsheft

Über die Darstellung der Hornhautoberfläche und ihrer Veränderungen im Reflexbild[1]).

Von F. P. Fischer.

Inhaltsübersicht.

A. Allgemeiner Teil.

1. Einleitung.

Nach herkömmlichem Brauche untersuchen wir Krümmungsanomalien der Hornhaut mit der Placidoschen Scheibe und dem Helmholzschen Ophthalmometer und sind gewöhnt, uns durch das Spiegelbild der Hornhaut über die Beschaffenheit ihrer Oberfläche zu unterrichten. Während die Methoden zur Darstellung und Messung der Hornhaut-

[1]) Ausgeführt mit Unterstützung der Notgemeinschaft der Deutschen Wissenschaft.

wölbung eine hohe Vollkommenheit erlangten, so dass Gullstrand[1]) eine photographische Keratometrie auszubilden vermochte, blieb die Beobachtung der Hornhautoberfläche eine visuelle Methode, die sicherlich hinter einer photographischen an Treue und Feinheit zurücksteht. Freilich begnügte man sich nicht mit der beiläufigen Feststellung eines gestichelten, eines unregelmässigen Spiegelbildes oder dergleichen und zog alsbald die Spaltlampe zur Durchmusterung der Spiegelbilder heran. um in der Untersuchung im Spiegelbezirke nach Vogt[2]) Feinheiten auffinden zu können, die im diffusen Lichte unsichtbar blieben. Vogt selbst hebt aber hervor, dass im Gegensatz zu der Förderung unserer Kenntnisse durch die Untersuchung im hinteren Spiegelbezirk der vordere Spiegelbezirk nicht allzu aufschlussreich ist.

In einer ähnlichen Situation wie die Augenheilkunde befand sich die Kristallographie, in der das ausgeprägte Bedürfnis besteht, die Oberfläche ihrer Objekte, der Kristalle, wegen ihrer strengen Gesetzmässigkeit und wichtigen Deutungsmöglichkeiten genau zu kennen. Zu diesem Zwecke hat die Kristallographie eine visuelle Methode ausgebildet, die Reflexgoniometrie, die gestattet, aus den von den Kristallflächen erzeugten Reflexen Rückschlüsse auf die Form, Regelmässigkeit, Krümmung und Lage der reflektierenden Flächen zu ziehen. Dieser visuellen Methode ist von S. Rösch[3]) 1925 ein photographisches Verfahren an die Seite gestellt worden, die Reflexphotographie, welche die photographische Registrierung sehr kleiner und sehr flächenreicher Kristalle gestattet, deren Reflexe das Auge kaum mehr wahrnimmt. Die Methode hat sich ferner bei physikalischen und chemischen Eingriffen an Kristallen und anderen Körpern ausserordentlich bewährt, weshalb eine Nutzbarmachung ihres Prinzipes für die Augenheilkunde, die über eine so lebhaft reflektierende Oberfläche, wie die Hornhaut, verfügt, aussichtsreich erschien.

2. Methode der Reflexprojektion und -photographie.

a) Das Prinzip der Methode.

Rösch lässt paralleles Licht durch die zentrale Bohrung eines Schirmes auf den reflektierenden Körper fallen, von welchem es ohne

[1]) Gullstrand, Helmholz, Phys. Optik I. 3. Aufl.

[2]) Vogt, Atlas der Spaltlampenmikroskopie des lebenden Auges. Berlin, Springer 1921.

[3]) S. Rösch, Berichte der sächs. Akademie der Wissensch., math.-phys. Klasse. Bd. 77. II. 89. 1925. Beiträge zur Kristallographie u. Mineralogie III. 105. 1926. Abhandl. der sächs. Akademie der Wissensch., math.-phys. Klasse, 39. 6. 1926.

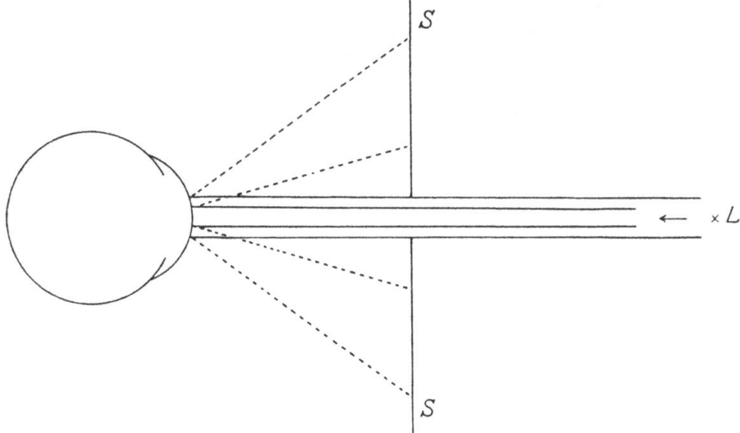

Abb. 1. Schematische Darstellung des Prinzips der Reflexprojektion.

jede katoptrische oder dioptrische Vorrichtung auf den Schirm reflektiert wird (Abb. 1). Der Schirm gestattet die Betrachtung des Reflexbildes oder, falls er mit einer lichtempfindlichen Schicht bedeckt ist, die Aufnahme einer Reflexphotographie. Es wird paralleles Licht benutzt, weil nichtparalleles Licht über die Lage der reflektierenden Flächen ungenaue Aufschlüsse gibt. Zum Beispiel (Abb. 2) werden sich zwei gegeneinander geneigte Flächenstücke bei parallelem Licht nach 1,2, bei divergentem Licht nach 1′,2′, bei konvergentem Licht nach 1″, 2″ projizieren. Dass man streng theoretisch ungenaue Bilder erhält, weil alles irdische Licht von einer endlichen Lichtquelle, nicht von einem mathematischen Punkte ausgeht, sei erwähnt und zugleich betont, dass dieser Umstand praktisch belanglos ist, solange das verwendete Lichtbüschel möglichst parallel bleibt, d. h. etwa bis zur doppelten Weite der Aufnahmedistanz seinen

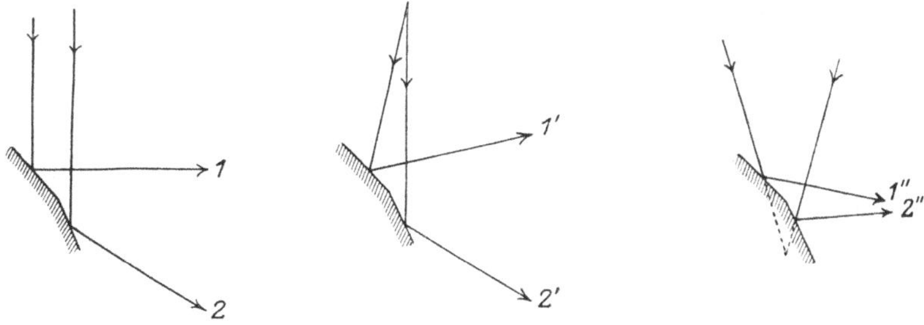

Abb. 2. Schematische Darstellung des Einflusses der Strahlenrichtung auf die Reflexprojektion.

Querschnitt um nicht mehr als $^1/_{10}$ vergrössert. Bei Verwendung von vergentem Licht werden alle Lichtzüge unscharf. Von einer Abbildung der punktförmigen Lichtquelle durch optische Systeme wird abgesehen. Das reflektierte Licht trifft direkt die photographische Schicht, weil Reflektoren mit stetiger Krümmung eine solche Abbildung illusorisch machen.

Wird die Hornhaut als Reflektor verwendet, so muss sie zum Lichtbüschel derart orientiert werden, dass die Achse der Hornhaut mit dem Zentralstrahl koinzidiert, was besagt, dass der Zentralstrahl senkrecht auf der im Scheitelpunkt der Hornhaut errichtet gedachten Tangente steht, die parallel zur Schirmebene liegt. Das erreicht man dadurch, dass man die Lichtquelle fixieren lässt und tunlichst den Abstand des Hornhautscheitels von Schirm so wählt, dass die Grenzen des Reflexbildes mit den Grenzen des Schirmes zusammenfallen, dass also die Grenzlinien des quadratisch gewählten Schirmes als Tangenten die Peripherie des kreis- oder ei-förmigen Reflexbildes umschreiben. Das Reflexbild einer so zentrierten Hornhaut weist die durch die Reflexprojektion einer kugeligen Fläche auf eine Ebene notwendig verursachte Verzerrung auf. Mit zunehmendem Winkel ϱ zwischen Einfallsstrahl und Flächennormale an der reflektierenden Stelle nimmt diese Verzerrung zu, und zwar im Verhältnis $d = r \cdot \operatorname{tg} 2\varrho$, wenn r der Objektabstand, ϱ der Winkel, d der Abstand von der Bildmitte ist.

Wäre die Hornhaut eine ideal kugelige Fläche, so gälten für sie die Gesetze der Reflexion an Konvexspiegeln, nach welchen nämlich parallele Strahlen durch diese so divergent gemacht werden, als kämen sie näherungsweise aus dem Halbierungspunkte des Krümmungshalbmessers. Da die Hornhaut aber eine von einer sphärischen Fläche abweichende Gestalt hat, so wird im allgemeinen die Richtung jedes reflektierten Strahles gefunden werden, indem nach dem Reflexionsgesetze auf die Tangente jedes reflektierenden Punktes, d. i. Flächenelementes, die Normale errichtet und der Ausfallswinkel gleich dem Einfallswinkel gesetzt wird[1]). Bei Kenntnis des Abstandes r der Schirmebene vom Reflektor (Hornhautscheitel) ist es nur dann möglich, einen bestimmten Lichtpunkt im Reflexbild dem entsprechenden reflektierenden Punkt (Flächenelement) zuzuordnen, wenn man von der Lage eines jeden Flächenelementes genaue Kenntnis hat, da im allgemeinen einem Lichtpunkte mehrere reflektierende Elemente entsprechen werden. Man wird also wohl zu einer bestimmten

[1]) Da der Reflektor nicht punktförmig, sondern von endlicher Grösse ist, entsteht ein kleiner Fehler im Bild, der aber bei den üblichen Abständen, etwa 100 mm, ohne Bedeutung ist.

Abb. 3. Der Apparat zur Reflexphotographie.

Oberfläche ein bestimmtes Reflexbild konstruieren können, aber nicht aus einem Reflexbild eine bestimmte Oberfläche. Nur bei einsinniger (konvexer) Krümmung lässt sich bei bekanntem Abstand die zugehörige Fläche ermitteln. Oft wird man aus den Reflexen die Oberfläche verstehen, oft auch aus der Oberfläche die Reflexe zu deuten lernen. Die Kenntnisse der einen Art werden die der anderen ergänzen.

b) Apparatur und Technik.

Zur Reflexprojektion und -photographie verwendete ich das in Abb. 3 abgebildete Gerät, das ich von der Firma Diel[1]) anfertigen liess. Die

[1]) Firma Diel, Leipzig, Albertstrasse 28, liefert auf Wunsch die gesamte Apparatur.

Anordnung, Bogenlampe, Linsensystem, Auslösevorrichtung, Kinnstütze und Messvorrichtung ruht auf einem fahrbaren Gestell, welches auch den Widerstand beherbergt. Den Aufriss der Einrichtung zeigt Abb. 4. In einem lichtdichten Lampengehäuse mit Wärmeabzug ist eine Bogenlampe, B, 5 Ampères, Dochtstärke 5 mm und 6,1 mm, untergebracht. Durch die Fussschrauben, SS, ist die Stellung der Lampe seitlich und nach der Höhe regulierbar. Der Lichtbogen befindet sich im Brennpunkt des Linsensystems, L, welches das Licht parallel macht. In der Lichtkammer, LK, steht eine Wasserpfanne als Wärmefilter. Die Lichtkammer wird durch die Gesichtsfeldblende getrennt von der Auslösevorrichtung, K, die nach Art eines Momentrollverschlusses gebaut ist. Durch das Lichtrohr, LR, kommt das Licht zur Kasette, Ka, und durch deren Zentralbohrung nach aussen. Die Kinnstütze, Ki, ist horizontal und vertikal verstellbar und wird durch das Gewicht des Kopfes des Untersuchten mittelst des Kautschuküberzuges der Querstange, auf der sie lastet, in jeder Lage festgehalten. Der Entfernungsmesser, E, besteht aus einem horizontalen Ast, der eine Millimeterskala trägt, und einem vertikalen, um 360^{0} schwenkbaren Arm, der als Visiervorrichtung endet. Diese ist als Gabelstück ausgebildet, welches an jedem Ast eine Öse trägt, die durch einen feinen Draht gehälftet wird. Der Entfernungsmesser wird so lange verschoben, bis die beiden Drähte als ein Draht erscheinen, der den Hornhautscheitel tangiert. Man liest dann am Index die Entfernung des Hornhautscheitels vom Schirm ab. Die Auslösevorrichtung zeigt Abb. 5. Ein Freischwingpendel, P, wird oberhalb seines Drehpunktes durch die Fangnase, F 1, arretiert. Dadurch stellt sich die Blende, B 2, vor die Öffnung des lichtdichten Gehäuses und deckt das Licht rot ab. Durch Betätigung des Auslösers, Au, löst sich die Fangnase, F 1, das Pendel, P, schwingt nach der anderen Seite und wird durch die Fangnase, F 2, arretiert. Während dieses Vorganges hat die Rotblende, B 1, die Ausgangsstellung von B 2 angenommen, wodurch das Licht eine kurze Zeit ungefiltert blieb. Dieser Vorgang kann natürlich auch in der umgekehrten Reihenfolge wiederholt werden. Zu beachten ist, dass die Pendelbelastung, PB, stets nach aussen geschoben wird. Die Belichtungszeit wird durch die Linse L und PB eingestellt, indem beide auf P verschoben werden. Die gebräuchlichsten Stellungen sind markiert. Eine Kontrollkontakteinrichtung, K, ermöglicht, die Zeit mittelst des Signals, Si, Akkumulator, Ak, Kymographion und Registrierstimmgabel zu messen.

Die Kassette hat die Abmessung 24 × 24 cm, es ist eine Doppelkasette, deren Scheidewand entfernt ist und an deren Stelle eine Alu-

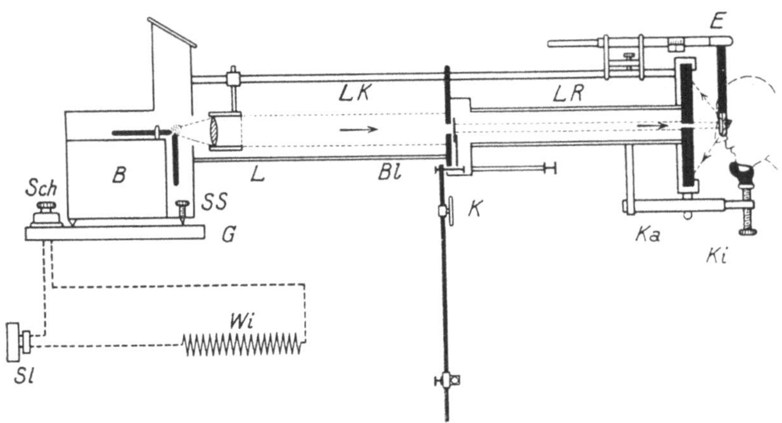

Abb. 4. Skizze der Apparatur und des Strahlenganges.

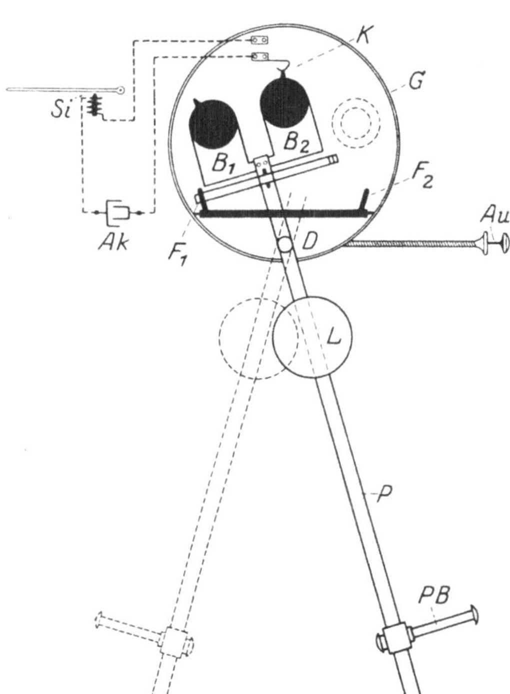

Abb. 5. Skizze der Auslösevorrichtung.

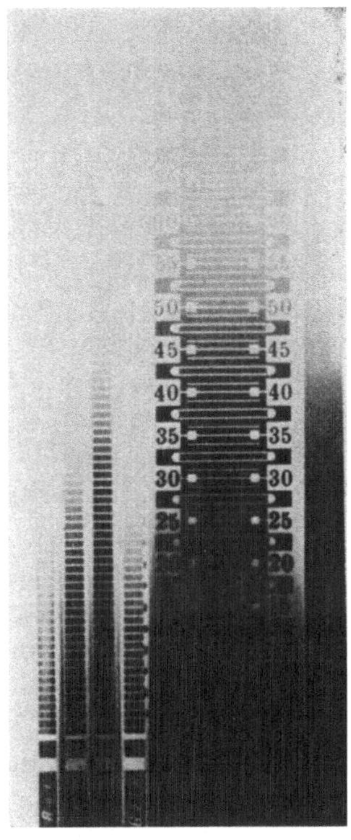

Abb. 6. Prüfblatt der Farbenempfindlichkeit des verwendeten photographischen Materials.

miniumplatte mit einer zentralen Bohrung von 6 mm eingesetzt wird, die durch breite Eisenbänder das photographische Papier an den Kasettenrahmen presst. Die Papiere werden mit einer 6 mm-Stanze zentrisch durchlocht und mit der Schichtseite zum untersuchten Auge eingelegt. Als photographisches Material verwendete ich ausschliesslich Röntgenpapier[1]). Dieses Papier ist aussergewöhnlich empfindlich und gestattet, die Belichtungszeit abzukürzen. Es wird vor allem durch kurzwelliges Licht erregt und ist für langwelliges Licht sehr wenig empfindlich. Abb. 6 zeigt ein Prüfblatt, hergestellt mit dem Graphoskop von Langer, aus welchem man seine Farbenempfindlichkeit ablesen kann. Die Praxis der Aufnahmen erfordert eine solche selektive Empfindlichkeit des photographischen Materials. Denn vor der Aufnahme erfolgt die Einstellung bzw. Zentrierung des Auges im Dunkelzimmer, während das photographische Papier ungeschützt ist, d. h. bei geöffneter Kasette. Zu diesem Zwecke muss die Pendelstellung so gewählt sein, dass eine Rotblende die Gesichtsfeldblende verdeckt. Die Einstellung erfolgt also bei rotem Licht, während der Untersuchte die Lichtquelle fixiert. Eine solche Einstellung dauert wechselnd lange, je nach der Geschicklichkeit des Untersuchers und der Untersuchten, weshalb das photographische Material, welches von rotem Lichte während der Einstellung bestrahlt wird, natürlich für dieses unempfindlich sein muss. Durch Betätigung des Auslösers erfolgt eine Pendelschwingung, die einen Wechsel der Blendenstellung zur Folge hat. In der Zeit, in der die eine Blende ihren Ort verlässt und die andere ihn noch nicht erreicht hat, wird ungefiltertes Licht auf das photographische Papier reflektiert. Die Aufnahme geht also als Wechselbelichtung von rot über weiss zu rot vor sich.

Eine besondere Schwierigkeit bestand in der Wahl der Rotfilter. Die Rotfilter durften nur langwelliges Licht durchlassen und keine starke Herabsetzung der Flächenhelligkeit bewirken, da eine Einstellung in rotem Lichte sonst ausgeschlossen wäre. Es erwies sich als passendstes Material gegossene, rotgefärbte Gelatine. Unsere Rotblenden lassen nur Licht bis etwa 600 $\mu\mu$ durch. Sehr wichtig ist ferner eine richtige Kohlenstellung. Stehen die Kohlen falsch, so entsteht um das zentrale Loch des Papieres eine starke, unscharf begrenzte Schwärzung, bei richtiger Kohlenstellung ist die Umgebung des Loches von einer scharfen, konzentrischen, gleichmässigen Schwärzung eingenommen,

[1]) Röntgenpapier der N. P. G. Dresden; es kann ebenfalls von der Firma Diel, Leipzig, Albertstrasse 28, bezogen werden.

deren Durchmesser den des Loches kaum je um 1 mm überschreitet. Es ist allerdings manchmal nicht möglich, besonders, wenn die Einstellung Schwierigkeiten macht, auf diesen Umstand genügend zu achten. Die Entwicklung des Papieres erfolgt in der üblichen Weise. Es ist bei den Röntgenpapieren Sorge zu tragen, dass sie ununterbrochen von der Badeflüssigkeit bespült werden, da sonst sehr hässliche Flecken auftreten, die nicht mehr beseitigt werden können.

c) Messungen und messende Vorrichtungen.

Da die Helligkeit der Lichtquelle, der Blendendurchmesser und die Grösse des Schirmes unverändert bleiben, ist zu Ausmessungen und Berechnungen nur die Feststellung der variablen Faktoren nötig. Diese sind die jeweils untersuchte Hornhaut, der Abstand des Hornhautscheitels von der Schirmebene und die Besonderheiten des Bildes. Es ist zweckmässig, vor der Untersuchung am Ophthalmometer die Hornhautwölbung zu bestimmen bzw. ihren Krümmungshalbmesser: manchmal erweist es sich auch als notwendig, den Winkel α bzw. γ festzulegen und den Durchmesser in vertikaler und horizontaler Richtung zu messen. Der Objektabstand lässt sich leicht mit der dem Apparate beigefügten Visiervorrichtung messen, die eine Genauigkeit von geschätzten $^1/_{10}$ Millimeter hat. Die Messungen an der Aufnahme selbst lassen sich am einfachsten mit Hilfe eines durchsichtigen Koordinatenblattes mit Poldistanzwinkel ϱ und Meridianwinkel φ ausführen. Vor allem muss auf die Verzerrung in der Peripherie geachtet werden. War das Auge richtig zentriert, dann muss die Verzerrung in Parallelkreisen, also gleichem Abstand von der Bildmitte, gleich sein. Soll nicht die Lichtquelle, sondern ein Nachbarpunkt fixiert werden, so ist es gut, einen stabförmigen Gegenstand vor dem Schirm zu befestigen, möglichst unmittelbar vor diesen, und dessen Spitze fixieren zu lassen. Der Gegenstand wird dann als Schatten abgebildet, und es lässt sich aus der linearen Entfernung der Spitze von der Bildmitte, gebrochen durch den Objektabstand, der um den Drehpunktabstand vermehrt wird, ungefähr der Drehungs- und Erhebungswinkel des Auges berechnen. Bei unregelmässigen Krümmungen und einigermassen gerade verlaufenden Reflexzügen lässt sich auch ein Anhaltspunkt für den Raddrehungswinkel finden. Man erhält auf diese Weise oft eine sehr wertvolle Angabe über das Reflexionsbereich und ist dann leicht in der Lage, dieses wieder aufzufinden. Es gelingt so auch, die ganze Hornhaut sukzessive abzusuchen und zu photographieren. Es empfiehlt sich, in ein Koordinatenblatt die Koordinaten der Fixierpunkte einzutragen und um diese die Grenzen der einzelnen Aufnahmen in gleichem Massstabe.

Für manche Zwecke, speziell für das Aufsuchen der zu bestimmten Reflexzügen zugehörigen Oberflächenstücke, ist eine drehbare, siebartig durchlöcherte Blende, die in den Rohransatz im Schirmträger eingeschoben werden kann, sehr brauchbar. Solche Blendenformen erleichtern das sonst fast undurchführbare, teilweise Abdecken der Lichtzüge, ein Modus, der zur Feststellung, ob Hohl- oder Voll-Form eines Oberflächenstückes vorliegt, unumgänglich ist. Endlich wird man auch mit gutem Erfolg einen Blendenansatz verwenden, der in die Schirmbohrung einschraubbar ist und ein um 45 Grad geneigtes Deckgläschen trägt, welches im Brennpunkt eines Konvexglases steht. Die Vorrichtung dient zur gleichzeitigen Betrachtung der reflektierenden Oberfläche und ihres Reflexbildes. Sie ist vor allem bei mechanischen Eingriffen an der Oberfläche sehr verwendbar.

Die Wahl der Lochgrösse von 6 mm hatte konstruktive Gründe. Es hindert nichts, sie abzuändern. Eine Vergrösserung ist unzweckmässig, eine Verkleinerung bewirkt eine Verkleinerung des Bildes, aber eine Steigerung der Empfindlichkeit der Methode, da die Grösse der Lichtquelle, Lochblende, eine entsprechende Verbreiterung der Reflexe zur Folge hat. Am besten bewährt sich ein Satz Einsteckblenden, die zur Beobachtung wechselweise in die Schirmbohrung eingeschoben werden können. Falls ein Photogramm hergestellt werden soll, muss der Satz Einsteckblenden durch einen gleichen Satz von Stanzen und Blendenzusatzstücken für die Kasettenplatten vervollständigt werden.

d) Theorie und Einteilung der Reflexe.

Steht dem reflektierten Strahl vor dem Schirm ein Gegenstand im Wege, so wird dieser als Schatten auf dem Schirm abgebildet. Solche schattenwerfende Gegenstände sind: Die Lidränder, die Zilien, Salbenpartikelchen, Fetttropfen und andere, als Mouches volantes aus dem entoptischen Hornhautspektrum bekannte, Verunreinigung der Tränenflüssigkeit. Je nach Form und Grösse treten am Rande ihrer Schattenbilder Beugungsstreifen auf, die besonders an den Zilienschatten prachtvoll ausgebildet sind. Je weiter die schattenwerfenden Gegenstände vom Schirm entfernt sind, desto grösser werden die Schatten. Schatten sind ähnliche Abbildungen, und bei ihnen ist es richtig, von Vergrösserung zu sprechen. Die Reflexe sind immer unähnlich, da sie nie Abbildungen darstellen, auch nicht in jenen Fällen, in denen eine Ähnlichkeit von Reflex und Ding zu bestehen scheint. Diese Ähnlichkeit ist, wie nachdrücklich betont sei, da wir solche Fälle zeigen werden, dadurch zustandegekommen, dass eine sehr einfach gebaute, regelmässige Oberfläche, deren Relief regelmässig wiederkehrt, regelmässig wiederkehrende Reflexzüge verursacht. In jedem Falle entspricht die Art der Reflexe einer besonderen Oberfläche. Die Grösse der reflektierenden Fläche ist von Einfluss auf die Lichtstärke der Reflexe. Im allgemeinen sind die Reflexe um so lichtstärker, je grösser die zugehörige Fläche und je geringer ihre Krümmung ist.

Das Reflexbild stellt sich als ein Gesamtbild dar, zusammengesetzt aus einzelnen Reflexen, die von verschiedenen Punkten der reflektierenden Oberfläche herrühren und sich stellenweise überlagern. Je regelmässiger die Oberfläche ist, um so weniger stört diese Überlagerung, ja, bei regelmässiger Wiederkehr derselben Oberflächengestaltung bestätigt oder erzeugt das Reflexbild die Vorstellung, die man von der Oberfläche auf andere Weise gewonnen hat. In unseren Abbildungen, die Negative sind, verursachte das Licht Schwärzung, die lichtlosen Stellen blieben weiss.

Nach Art der Reflexe kann man unterscheiden: 1. Den Lichtpunkt, 2. den Lichtzug, 3. den Lichtfleck oder das Lichtfeld.

Alle Reflexe können lichtstark, lichtschwach, scharf oder verwaschen sein.

1. Ein Lichtpunkt hat als zugehörige Oberfläche eine unendlich kleine ebene Fläche. Er kommt in den Reflektogrammen eigentlich nie vor. Man kann ihn leicht mit einem sehr kleinen Lichtfleck verwechseln.

2. Ein Lichtzug ist das Reflexbild einer Fläche mit einfacher Krümmung. Sind zwei Flächen parallel zu einer gemeinsamen Kante gekrümmt, so geben sie zwei nahe parallele Lichtzüge senkrecht zur Krümmung, die um so dichter liegen, je stumpfer die Kante ist. Sind zwei Flächen senkrecht zur gemeinsamen Kante gekrümmt, so ergeben sich zwei Lichtzüge von gleicher Richtung zur Krümmung, also einen an der Kantenstelle unterbrochenen Lichtzug. Eine konische Fläche ergibt einen geschlossenen Lichtzug mit leerem Zentrum, und zwar ist der Ring um so weiter, je steiler der Konus ist. Ist die Spitze des Konus abgeplattet, so füllt sich das leere Zentrum, ist die Krümmung an der Basis eine andere, so wird der Lichtring unscharf mit nach aussen abnehmender Helligkeit. Die Konusspitze kann auch fehlen ohne eine Änderung der Form des Lichtringes zu veranlassen.

3. Ein Licht-Fleck oder -Feld entsteht, wenn eine Fläche doppelte Krümmung hat. Die Breite des Lichtfeldes ist abhängig von der Ausdehnung der kleineren, die Länge von der Grösse der dazu senkrechten, stärkeren Krümmung der Fläche[1]).

Unsere Abbildungen setzen sich zum grossen Teile aus diesen einfachen Elementen zusammen, die als Gesamtbild schon sehr komplizierte Konturen ergeben können. Aber nicht immer ist man in der Lage, das Bild nur auf diese einfachen Elemente zurückzuführen. Es zeigt sich nämlich, dass von den beschriebenen Arten der Reflexe, die bei zunehmendem Objektabstand Form und Ort wahren, sich andere unterscheiden oder abgrenzen lassen, die mit zunehmendem Objektstand Form, Ort oder beides ändern. Sie rühren von sehr komplizierten Flächenteilen mit konkaver Krümmung her. Diese Reflexe zeigen gleichfalls eine sehr komplizierte Struktur und verhalten sich wie die Schnittkurven kaustischer Flächen. Sie erscheinen als Schnittkurven von Strahlenflächen, die ihre Vereinigungspunkte oder -flächen vor oder hinter der Schirmebene haben und dann in bezug auf diese vergent sind. Man erhält je nach dem Objektabstand wechselnde Bilder. Über ihre Natur und die des zugehörigen Flächenstückes kann man sich durch gleichzeitige Doppelaufnahmen bei verschiedenem Objektabstand Kenntnis verschaffen. Die Mannigfaltigkeit dieser Arten von Reflexen ist ausserordentlich gross, man begegnet allen Arten von Schnittkurven, wie sie von Kaustiken, Katakaustiken und dergleichen bekannt sind[2]).

Endlich sei noch auf Reflexe hingewiesen, die ihr Dasein Voll- oder Hohlformen, etwa einem Bläschen oder Grübchen, verdanken. Sie sind gleich, aber seitenverkehrt. Bei den Vollformen — Bläschen — reflektiert alles linksgelegene nach links und umgekehrt bei den Hohlformen — Grübchen — alles links gelegene nach rechts. Durch Abdecken oder mit der Siebblende kann man sich über Hohl- oder Vollform des in Frage kommenden Flächenstückes Rechenschaft geben.

e) Die reflektierenden Grenzflächen.

Reflektierende Körper lassen sich in zwei Gruppen einteilen; in solche, die undurchsichtig sind, wie die meisten Metalle und in solche, die durchsichtig sind, wie Glas und viele Kristalle. Bei der ersten

[1]) Goldschmidt und von Fersmann haben sich mit den Beziehungen von Reflex und Oberfläche im einzelnen, meines Wissens am genauesten, beschäftigt. Der Diamant. Heidelberg 1911. Wintersche Buchhandlung.

[2]) Siehe z. B. Gullstrand, Naturwissenschaften. 1926.

Gruppe kommt als Reflektor nur die Oberfläche in Betracht. Bei der zweiten Gruppe können sowohl im Inneren wie an den Aussenflächen Reflexe entstehen. Die Hornhaut gehört zur zweiten Gruppe. Reflexe könnten an ihrer Oberfläche, im Innern und an der Hinterfläche verursacht werden. Optische Diskontinuitätsflächen im Inneren wie an der Linse sind an der Hornhaut nicht bekannt, doch setzt sich an der Spaltlampe das Epithel als helles Band von der Membrana Bowmani ab. Als optische Diskontinuitätsflächen kommen also die Hornhautvorderfläche und -hinterfläche, vielleicht auch die basale Epithelgrenze in Betracht.

Die Strahlen treten aus der Luft in die Tränenflüssigkeit und aus dieser in die Hornhaut. Sie gehen aus einem dünnen in ein dichteres Medium. Sicher reflektiert die Tränenflüssigkeit. Ihr Anteil im Reflexbild ist leicht erkennbar, da die ihr zugemengten Partikelchen und sie selbst fliessen, die ihr zugehörigen Reflexe über den Schirm wandern. Was sich bewegt, fliesst oder schwimmt, rührt von den Tränen her. Deutlich hinter diesen bewegten liegen feststehende Reflexe, über welche die beweglichen gleiten, gelegentlich sie auch auslöschen. Die feststehenden Reflexe entstehen an der Hornhautoberfläche.

Die Betrachtung vor dem Schirm, die durch die Beobachtung des entoptischen Hornhautspektrums zweckmässig ergänzt werden kann, zeigt, dass ausser an der Oberfläche der Tränen und in ihr Reflexe nur noch an der Hornhautoberfläche, d. h. der Oberfläche des Epithels, zustande kommen, was ja jedem bekannt ist, der jemals das „Spiegelbild" einer kranken Hornhaut (siehe S. 1) betrachtet hat. Reflektierte nur die Tränenoberfläche, so könnte man niemals ein gesticheltes oder mattes Spiegelbild sehen, da sich in diesen Fällen lediglich die Hornhautoberfläche, nicht die Tränenbeschaffenheit verändert hat.

Die Betrachtung vor dem Schirm lehrt weiter, dass Hornhautgewebe und Hornhauthinterfläche sich in keiner Weise im Reflexbild manifestieren. Stellt man eine Wasserkammer in den Strahlengang unserer Vorrichtung, die z. B. mit der Zettnowschen Filterflüssigkeit gefüllt sein möge, so ist das Reflexbild der Vorderfläche weiss, das der Hinterfläche gelb. Drückt man den Finger gegen die Hinterfläche, so erscheint der Fingerabdruck als Schattenbild, welches das Entfernen des Fingers überdauert, weil der Abdruck infolge der Fettschicht der Fingerhaut haftet. Solche Schattenbilder könnten auch Beschläge oder diffuse Trübungen der Hornhauthinterfläche verursachen, ich konnte aber niemals etwas Derartiges beobachten. Zum Beispiel ergab ein Fall von hochgradiger diffuser Trübung der gesamten Hornhauthinterfläche infolge Verkupferung ein ganz normales Reflexbild, desgleichen ein Fall von Cholesteatose des Hornhautparenchyms.

Bei der Darstellung der Hornhautoberfläche im Reflexbild liegt der einfache Fall senkrechten Einfalls parallelen Lichtes auf die Trennungsfläche zweier Medien vor, wie er z. B. beim Durchgang des Lichtes durch eine planparallele Fensterscheibe realisiert ist. Diese Verhältnisse wurden von Joung und Fresnel[1]) genau studiert und durchgerechnet und von Fresnel die nach ihm benannten Reflexions- und Brechungsformeln aufgestellt. Diese sagen aus, dass die Reflexionsfähigkeit eines Reflektors, d. i. der Prozentgehalt des einfallenden Lichtes, welches an der Grenze zweier Medien reflektiert wird, abhängig ist vom relativen Brechungsquotienten der beiden Medien gegeneinander und vom Einfallswinkel i oder, was das gleiche ist, vom Einfallswinkel i und vom Brechungswinkel ϱ.

Es gelten im allgemeinen die Formeln

1. . . . . $$J_r^s = J_i^s \frac{\sin^2(i-\varrho)}{\sin^2(i+\varrho)},$$

und zwar für senkrecht zur Einfallsebene schwingendes Licht.

2. . . . . . . $$J_r^p = J_i^p \frac{\tan^2(i-\varrho)}{\tan^2(i+\varrho)},$$

und zwar für parallel zur Einfallsebene schwingendes Licht. Denn das reflektierte Licht ist polarisiert. In diesen Formeln bedeutet

J_r^s die Intensität des reflektierten, senkrecht zur Einfallsebene schwingenden Lichtes.

J_r^p die Intensität des reflektierten, parallel zur Einfallsebene schwingenden Lichtes.

J_i die Intensität des zur Einheit genommenen einfallenden Lichtes. (Indices entsprechend einsetzen.)

i den Einfallswinkel.

ϱ den Brechungswinkel.

Die Gesamtintensität des reflektierten Lichtes J_r für die betreffende Richtung und Lichtbrechung ergibt das arithmetische Mittel aus J_r^s und J_r^p.

Für den Fall, dass $i = 0^0$ wird, vereinfacht sich die Formel in

3. . . . . . . $$J_r = J \cdot \left(\frac{n_1 - n_2}{n_1 + n_2}\right)^2$$

worin J die zur Einheit genommene Intensität des einfallenden Lichtes.

n_1 der Brechungsindex des ersten Mittels,

n_2 der Brechungsindex des zweiten Mittels bedeutet.

[1]) Annales de Chemie et de Physique 17. 194. 312. 1821.

Der Brechungsindex der Tränen wird von Valentin[1]) mit 1,3394, von v. Rötth[2]) mit 1,336 im Durchschnitt angegeben. Ich glaube, dass der Valentinsche Wert etwas zu hoch ist, da ich mit von Rötth übereinstimmende Werte fand.

Der Brechungsindex der Hornhaut wird von Gullstrand[3]) mit 1,376 angegeben. Ich fand bei verschiedenen Personen Werte von 1,376—1,378[4]).

Der Brechungsindex des Kammerwassers wurde mit 1,336[3]) bestimmt.

Der relative Brechungsquotient der Tränen gegen Luft ist 1,336. Es werden daher an der Trennungsfläche, Tränen gegen Luft oder, was dasselbe ist, an der Oberfläche der Tränenschicht 2,06% des einfallenden Lichtes reflektiert.

Der relative Brechungsquotient der Hornhaut gegen Kammerwasser ist 1,03. Es werden daher an der Trennungsfläche, Hornhaut gegen Kammerwasser oder, was dasselbe ist, an der Hornhauthinterfläche nur 0,025% des einfallenden Lichtes reflektiert.

Man darf also sagen: Im Reflexbild wird sich die Tränenoberfläche, aber nicht die Hinterfläche der Hornhaut manifestieren, denn 2,06% des einfallenden Lichtes (Bogenlampe) können sehr wohl mit unbewaffnetem Auge wahrgenommen werden und auch die photographische Schicht erregen, nicht aber der 100. Teil, 0,02%, was den Tatsachen, Unsichtbarkeit der Hinterfläche im Reflexbild, entspricht.

Der relative Brechungsquotient der Hornhaut gegen die Tränen ist 1,03. Es werden daher an der Trennungsfläche, Hornhaut gegen die Tränen, ebenfalls nur 0,025% des einfallenden Lichtes reflektiert. Es müsste daher die Hornhautoberfläche im Reflexbild unsichtbar sein, was aber den Tatsachen nicht entspricht. Dass die tränenbedeckte Hornhautoberfläche in der Tat im Reflexbild sichtbar ist, ist über jeden Zweifel erhaben. Das beweist, wie hier nochmals wiederholt sei, die direkte Beobachtung vor dem Schirm, ferner die Beobachtung des entoptischen Hornhautspektrums, die Veränderung des Reflexbildes nach mechanischen und chemischen Eingriffen an der Hornhautoberfläche, ferner die Reflektogramme kranker Hornhäute und endlich die visuelle Untersuchung des Spiegelbildes der Hornhaut.

---

[1]) Pflügersches Arch. Bd. 19. S. 78. 1879.

[2]) Klin. Monatsbl. Bd. 68. S. 598. 1922.

[3]) Helmholz, Phys. Optik. 3. Aufl. 1909. I. 335.

[4]) Bestimmt mit der Einbettungsmethode kombiniert mit dem Töpler-Exnerschen Verfahren. Siehe auch Hertel: Augendruck und die äusseren Bulbushüllen. Heidelberger Kongress 1927.

Dass die Tränenschicht jemals so enorm verdünnt werden könnte, dass sie optisch unwirksam würde, also eine Dicke von $\lambda/4$ unterschritte, ist höchst unwahrscheinlich, ebenso, dass sie manche Stellen der Hornhautoberfläche nicht bedeckte. In diesen sicher nie realisierten Fällen würde die nicht tränenbedeckte Hornhautoberfläche allerdings 2,5% des einfallenden Lichtes, da der relative Brechungsquotient der Hornhaut gegen Luft 1,378 beträgt, reflektieren.

Alle bisher aufgeführten Bestimmungen des Brechungsindex der Hornhaut haben die Hornhaut als Ganzes betrachtet und ihrer Oberfläche, dem Epithel, kein Augenmerk geschenkt. Nun haben unsere Untersuchungen gezeigt[1]), dass der Brechungsindex der Hornhaut mit dem Wassergehalt veränderlich ist, andererseits fand sich, dass bei ein und derselben Person zu verschiedenen Zeiten bei gleicher Technik, also gleicher Exposition, gleicher Entwicklungszeit, gleichem Photomaterial die Reflexbilder sehr unterschiedliche Schwärzung aufwiesen, endlich sieht man, wie erwähnt, das Epithel an der Spaltlampe als helles Band. Umstände, die darauf hindeuten, dass dem Epithel eine besondere Rolle bei der Reflexion zukommt und dass sein Lichtbrechungsvermögen veränderlich ist[2]).

Bei Tieraugen und einigen enukleierten Menschenaugen wurden mit dem von Hippelschen Trepan Scheibchen aus dem Epithel ausgestanzt und sofort in eine Lösung von Olivenöl und Benzin konstanter Temperatur und bestimmten Mischungsverhältnis eingebracht. Gewöhnlich wurden von einem Auge 4 bis 5 solche Scheibchen, je eines in einer bestimmten Lösung, die von der nächsten sich im Brechungsindex um 0,001 unterschied, gleichzeitig untersucht. Die Auswahl wurde nach dem Kriterium des Verschwindens in der Lösung, Einbettungsmethode, und nach der Schattenlichtwanderung nach Töpler-Exner[3]) getroffen. Durch Beobachtung an anderem Material und durch Wägung wurde festgestellt, dass die verwendeten Lösungen, Olivenöl — Benzin, keine,

---

[1]) Hertel, l. c.

[2]) Die Mitteilung Wesselys „Einige neue diagnostische Versuche", Heidelberger Kongress 1927, stimmt mit dieser Ansicht vollständig überein. Er fand bei der Photometrie des Hornhautreflexes Unterschiede bis zu 50% bei Personen gleichen Alters. Siehe auch meine Diskussionsbemerkung zu Wesselys Vortrag, bei welcher im Referate der klinischen Monatsblätter und des Zentralblattes für Augenheilkunde ein Druckfehler zu korrigieren ist. Es muss heissen: 2,5% und 2,0%, nicht 25% und 20%.

[3]) Arch. f. mikrosk. Anat. Bd. 25. Töpler, Beobachtungen nach einer neuen optischen Methode. Bonn 1894. Poggendorfsche Annal. Bd. 127. S. 556.

Änderung des Wassergehaltes der eingebrachten Zellen verursachten. Freilich dringt das Öl relativ schnell in die Zellen ein, was dann eine Bestimmung ihres Brechungsindex illusorisch macht. Die Bestimmung muss rasch vor sich gehen. Bei einiger Übung gelingt sie leicht in 1 bis 2 Minuten. So bestimmte ich den Brechungsindex des Epithels zu 1,41—1,416. Diese Zahlen mögen als erste vorläufige Bestimmung angesehen werden, denn infolge grosser Differenzen bei einzelnen Individuen sind viel grössere Untersuchungsreihen nötig, als ich sie bisher anzustellen in der Lage war, um exakte Zahlenangaben zu machen. Ich glaube aber nicht, dass auch durch grössere Untersuchungsreihen die Grenzwerte abgeändert werden. Lediglich ein genauer Durchschnittswert wird sich feststellen lassen.

Der relative Brechungsquotient des Epithels gegen die Tränen ist demnach einstweilen mit 1,06 festzusetzen, was eine Intensität reflektierten Lichtes von 0,19 % bedingt. Es wäre daher der Anteil reflektierten Lichtes der Hornhautvorderfläche rund 29 mal geringer, als der der Tränenoberfläche. Für die nicht mit Tränen bedeckte Hornhautoberfläche ergäbe sich eine Intensität reflektierten Lichtes von 2,8 %, es wurde aber bereits ausgeführt, dass man nicht damit rechnen könnte, dass die Hornhaut an irgendwelcher Stelle direkt an Luft grenze oder die Dicke der Tränenschicht $\lambda/4$ erreiche oder unterschritte.

Während man annehmen kann, dass der hundertste Teil der Intensität des einfallenden Lichtes, welcher einem relativen Brechungsquotienten, Hornhaut gegen Tränen, von 1,03 bzw. einem Brechungsindex von 1,378 der Hornhaut entspräche, nicht gesehen und die photographische Schicht nur sehr schwach erregen wird, ist dies für den 29. Teil nicht einfach zu bestreiten, wenn auch wenig wahrscheinlich. Deswegen versuchte ich, den umgekehrten Weg zu gehen, nämlich die Schwärzung, die sicher von der Tränenoberfläche herrührt, zu messen und mit jener Schwärzung zu vergleichen, die von den Reflexen herrührt, die ich der Hornhautoberfläche zuordnen zu müssen glaube. Ich wollte also versuchen, aus den Reflexbildern die Reflexionsfähigkeit der Hornhautoberfläche zu bestimmen und den Brechungsindex des Epithels zu berechnen. Die Schwärzung der photographischen Schicht ist abhängig von der Intensität des sie erregenden Lichtes. Zum Schwärzungsvergleich ist eine Schwärzungsskala nötig. Diese stellte ich auf folgende Weise her: Es wurden in den Strahlengang meiner Apparatur, in der ich die Bogenlampe, die nie gleichmässig brennt, mit einer Punktlichtlampe vertauschte.

zwei Nicolsche Prismen eingeführt. Das eine Prisma wurde ein für allemal festgestellt, das zweite war in einer Kreisteilung mit Nonius um 360° drehbar. Die Ablesung war auf Minuten genau. Von der parallelen Stellung der Nicolschen Prismen als Ausgangsstellung — Parallellage der beiden Hauptschnitte, also maximaler Helligkeit — wurde, je um 5° fortschreitend, für alle Kreuzungswinkel von 0° bis 80° bei exakter Gleichhaltung von Expositionszeit, Entwicklungsdauer, Temperatur und Entwicklerzusammensetzung je eine Aufnahme gemacht. Es wurde immer ein und dasselbe Objekt in konstantem Abstand aufgenommen. Für jedes so gewonnene Bild wurde die Schwärzungsabnahme in Prozenten berechnet[1]. Die Schwärzung des ersten Bildes wurde mit 100% festgesetzt. Mit Hilfe dieser Schwärzungsskala konnten die relativen Unterschiede in der Schwärzung bzw. der Intensität des sie erregenden reflektierten Lichtes festgestellt werden, wenn darauf geachtet wurde, dass die verglichenen Areale gleichen Abstand von der Bildmitte, d. i. gleichen Auftreffwinkel, hatten. Auf diese Weise fand sich ein Unterschied zwischen der Intensität der Reflexe der Tränenoberfläche und der der Hornhautoberfläche von 4 : 1, was dem Verhältnis von 29 : 1 in keiner Weise entspricht.

Da die Tränenoberfläche 2,0% reflektiert, müsste, um den 4. Teil dieser Intensität zu reflektieren, die Hornhautoberfläche 0,515% des einfallenden Lichtes reflektieren, was einen Brechungsindex der Hornhautoberfläche von 1,542—1,543 entspräche. Nun muss ohne weiteres eingeräumt werden, dass weitere und umfangreichere Messungsreihen den von uns experimentell bestimmten Brechungsindex der Hornhautoberfläche von 1,41—1,416 noch korrigieren könnten, keinesfalls aber ist eine Änderung von 0,1 und mehr je zu erwarten.

---

[1]) Die Faktoren, von denen die Intensität abhängt, sind, wenn man den Einfluss der endlichen Grösse des Reflektors vernachlässigt:

1. Die Intensität des einfallenden Lichtes, die als 100 gesetzt wurde, so dass man ohne weiteres vergleichbare Prozentzahlen erhält.

2. Die Belichtungszeit, die = 1 gesetzt wurde.

3. Der Auftreffwinkel des reflektierten Lichtes auf die photographische Schicht.

4. Das Reflexionsvermögen des Objektes.

5. Der Schwärzungsgrad der lichtempfindlichen Schicht für die betr. Intensität und Wellenlänge, also die Gradation der photographischen Schicht. Siehe auch Rösch, Zeitschr. f. Kristallographie Bd. 65. H. 1/2. S. 28. 1927. Ferner ist die Lichtschwächung durch die beiden Nicols $\cos^2 \varphi$ proportional, wenn φ der Winkel zwischen den beiden Hauptschnitten der Prismen ist.

So einfach die Bestimmung des Reflexionsvermögens eines Reflektors im allgemeinen ist, in unserem Falle gelingt es anscheinend nicht, einen klaren Einblick in die wirklichen Verhältnisse zu gewinnen. Wie immer man auch versucht, die Variablen, Brechungsindizes und Prozentbeträge des einfallenden Lichtes, das reflektiert wird, zu ermitteln, sie passen nicht zu den wirklichen Verhältnissen. Wenn ich nun auch nicht in der Lage bin, die Diskrepanz zwischen dem experimentell bestimmten und dem errechneten Wert des Brechungsindex des Epithels nach jeder Hinsicht aufzuklären, so möchte ich doch auf einen Umstand hinweisen, der zur Aufklärung der vorliegenden Frage geeignet erscheint[1]).

Die Bestimmung des Brechungsindex des Epithels ist, wie die Bestimmung der Indizes der anderen Medien in gemischtem, weissem Licht bzw. für die D-Linie vorgenommen worden. Während sich nun der Brechungsindex für Wasser, Tränenflüssigkeit und Kammerwasser für immer kürzere Wellenlängen allmählich erhöhen wird, entsprechend der Brechbarkeit und der Absorption kurzwelligen Lichtes in diesen Medien, ist anzunehmen, dass für die Hornhaut, speziell aber für das Epithel, die Verhältnisse anders liegen, derart nämlich, dass für kurzwelliges Licht der Brechungsindex des Epithels viel steiler ansteigt, während er für weniger kurzwellige Lichter eine allmählichere Zunahme erfährt. Die Zunahme des Brechungsindex für immer kurzwelligeres Licht wird sich wohl, wie man das von anderen Körpern weiss, entsprechend der Absorption für diese Wellenlängen verhalten. Da wir als Lichtquelle zur Reflektographie die an kurzwelligem Lichte so reiche Kohlenbogenlampe verwendeten und unser photographisches Material gerade für dieses sehr empfindlich ist, so scheint die besonders starke Zunahme des Brechungsindex für kurzwelliges Licht, die allerdings noch der experimentellen Bestimmung bedarf, die stärkere Schwärzung durch die der Hornhautoberfläche zugehörigen Reflexe in zwangloser Weise erklären zu können. In der Tat sind die Bilder bei Verwendung der weniger kurzwelliges Licht aussendenden Punktlichtlampe oder gar einer gewöhnlichen Intensivlampe sehr viel weniger reich an Einzelheiten, ja, bei Verwendung geeigneter Filter fehlen die Lichtzüge, die ich der Hornhautoberfläche zuordnen zu müssen glaube.

Zur gut fundierten Hypothese wird die Annahme einer starken Zunahme der Reflexionsfähigkeit des Hornhautepithels der Hornhaut für kurzwelliges Licht durch folgende Beobachtungen:

---

[1]) Die experimentelle Durchführung der hier angeschnittenen Frage behalte ich mir vor.

Ich habe schon einige Male darauf hingewiesen, dass man im entoptischen Hornhautspektrum die meisten Eigentümlichkeiten der Reflexbilder sieht. Ich habe nun das entoptische Spektrum meiner Hornhaut betrachtet bei Kerzenlicht, bei Petroleum-, bei Gas-Licht, mit einer sog. Taglichtlampe, mit gewöhnlicher Glühbirnenbeleuchtung und habe, da mir der Weg aussichtsreich erschien, beim Lichte der D-Linie (Natriumflamme), bei Bogenlampenlicht mit dem Grünfilter der rotfreien Lampe nach Vogt, mit einem Uviolglas und endlich mit einem Uvetglas mit Quarzoptik die Betrachtung fortgesetzt. Während man im Licht der Natriumflamme die Tränen helleuchtend über einen glashellen Grund fliessen sieht, der nach Reiben des Auges mit den Lidern zarteste Kräuselung zeigt, die wie ein Spinnwebennetz erscheint mit absolut durchsichtigen, also optisch leeren Maschen, verlieren die Tränen und ihre Bestandteile bei Verwendung kurzwelligen Lichtes immer mehr an Helligkeit, ohne aber zu verschwinden, der Grund wird immer deutlicher und reicher an Einzelheiten, in der Kräuselung nach Reiben des Auges tritt das Netzwerk immer deutlicher hervor, es werden seine Maschen mit kleinen Höckerchen und Buckelbildungen immer erfüllter, um bei der Beleuchtung durch das Uvetglas geradezu plastisch zu wirken durch einen Reichtum an Einzelheiten, die man aufzulösen gar nicht mehr in der Lage ist.

Zur Betrachtung des Spiegelbildes der Hornhaut, auf dessen Ähnlichkeiten mit der Reflexprojektion ich auch schon einige Male hinwies, wird in den Lehrbüchern das diffuse Tageslicht empfohlen. Führt man diese Untersuchung mittelst der aufgezählten Lichtquellen aus, so ist ohne weiteres zu sehen, wie schwer z. B. ein gesticheltes Spiegelbild beim Licht der Natriumflamme zu erkennen ist und wie leicht bei Verwendung eines Uviolglases, wo es sicherlich deutlicher und eindringlicher ist als bei Tageslicht, wiewohl die Helligkeit der Lichtquelle gerade durch dieses Filter beträchtlich reduziert erscheint. Beim Licht des Uvetglases stört die Fluoreszenz von Hornhaut und Linse, doch steht es ausser Frage, dass doch die Stichelung des Spiegelbildes viel lebhafter ist als bei Tageslicht.

Es stellt sich demnach auf Grund aller hier mitgeteilten Überlegungen heraus, dass als reflektierende Oberfläche nur die Tränenoberfläche und die Hornhautoberfläche in Betracht kommen.

Kurz möchte ich noch darauf hinweisen, dass ein stärkeres Brechungsvermögen des Epithels gegenüber der Hornhaut, wie wir es feststellten, in keiner Weise das Netzhautbild zu verschlechtern vermag. Im Gegenteil wird, da durch das stärkere Brechungsvermögen des Epithels der Grenzwinkel der Totalreflexion erhöht wird, schief inzidierenden Strahlen der Eintritt ins Auge verwehrt.

f) Der Einfluss der die Hornhaut bedeckenden Tränenschicht.

Als reflektierendes Medium ist die Tränenflüssigkeit von Wichtigkeit

1. wegen ihres Brechungsindex,
2. wegen der Beimengung korpuskulärer Elemente,
3. wegen ihrer Zusammensetzung.

Es ist nicht gut möglich, jeden dieser drei Punkte gesondert zu besprechen, da beispielsweise die Zusammensetzung den Brechungsindex beeinflusst. Der Brechungsindex variiert mit dem Eiweissgehalte der Tränenflüssigkeit, ist aber immer niedriger als der der Hornhaut oder des Epithels und höher als der der Luft (1,336—1,3373). Es hat den Anschein, als ob die Tränenschicht, die die Hornhaut bedeckt, oft aus nicht oder nur gering mischbaren Phasen bestünde, denn man sieht in den Reflexbildern gelegentlich schlierenartige Schwärzungsareale nebeneinander. Sie sind kaum anders zu deuten als Phasen mit unterschiedlichem Brechungsindex. Dass solche Eigentümlichkeiten bei der üblichen Gewinnung der Tränen nicht feststellbar sind, ist nicht weiter auffallend; an der Spaltlampe kann man gelegentlich Ähnliches sehen. In der Literatur fand ich nur eine bezügliche Angabe von Metzger[1]), der feststellen konnte, dass die Färbung des Spiegelbildes der Hornhaut temporal und nasal verschieden ist.

Undurchsichtige, korpuskuläre Elemente veranlassen in den Reflektogrammen Schattenbilder. Oft ist auch an einer aus der kapillaren Tränenschicht hervorragenden Partie der Hornhaut ein konkaver Flüssigkeitsspiegel hochgezogen, der als „Rand“ sehr lebhafte Reflexzüge verursacht. Die Hornhaut ist immer von einer kapillaren, in der Peripherie dickeren, auf dem Hornhautzentrum dünneren Tränenschicht bedeckt, die, solange sie kapillar bleibt, sich der Hornhautoberfläche anschmiegt und ihr geometrisch ähnlich ist. Die Menge der Tränenflüssigkeit ist, wie bekannt, sehr variabel, welcher Umstand sich in den Reflektogrammen aber nur insofern bemerkbar macht, als bei stärkerer, als kapillarer

---

[1]) Klin. Wochenschr. 5. Jahrg. Nr. 45. 1926.

Tränenschicht die Tränen am Lidrand, je oben und unten, einen Konkavspiegel bilden, der sich gelegentlich als horizontaler Lichtzug manifestiert.

Durchsichtige, korpuskuläre Elemente mit differentem Brechungsindex können, indem sie über die Hornhautoberfläche fliessen, im Reflexbild ein scheinbares Emportauchen oder ein scheinbares Verschwinden von Lichtzügen veranlassen. Auch Scheinbewegungen der der Hornhaut angehörigen Lichtzüge können diese Elemente, vor allem aufeinanderfolgende Phasen unterschiedlichen Brechungsvermögens, bewirken. Die durchsichtigen, korpuskulären Elemente haben im Gegensatz zu den Schlieren krummflächige Begrenzungen, die je nach ihrer Form als Konkav- oder Konvexspiegel bzw. -Linsen, falls sie nämlich im Wege des von der Hornhaut schon reflektierten Lichtes liegen, wirken. Sie werden die Reflexe der Hornhaut verändern oder auslöschen können. Die Schlieren ändern die Intensität des von der Hautoberfläche reflektierten Lichtes je nach ihrem Brechungsvermögen. Sie werden die Hornhautoberfläche auch deutlicher hervortreten oder verschwinden lassen. Die Reflexe durchsichtiger, korpuskulärer Elemente werden auch gelegentlich eine andere Schwärzung als die Schlieren bewirken, da jene im Gegensatz zu diesen je nach ihrer Form die Intensität des reflektierten Lichtes durch Vereinigung oder Zerstreuung verändern.

Endlich sei noch einer Eigentümlichkeit der Tränen gedacht, die sich gelegentlich in den Reflektogrammen bemerkbar zu machen scheint. Man hat den Eindruck, als bewirkten die Tränen infolge des kapillaren Anschmiegens an die Hornhautoberfläche eine Art Glättung derselben, indem auf diese kapillare und festhaftende Schicht eine nächste folgte, die gegenüber der ersten eine grosse Verschieblichkeit besitzt. Im Ruhezustand lassen sich natürlich die Schichten nicht abgrenzen. Durch Bewegen der Lider oder der Stirn- bzw. Wangen-Haut kann aber die Tränenflüssigkeit bewegt werden und dabei ereignet sich oft das scheinbare Emportauchen bzw. Verschwinden der Oberflächenreflexe. Eine solche Glättung der Oberfläche durch eine kapillare, immer festhaftende Flüssigkeit ist auch für das Netzhautbild von grosser Wichtigkeit.

Einige weitere Eigentümlichkeiten der Tränen werde ich in den folgenden Abschnitten an passender Stelle behandeln.

B. Experimentelle Untersuchungen.

1. Das Reflexbild der normalen tierischen Hornhaut.

Über alles, was im allgemeinen Teil auseinandergesetzt wurde, habe ich mir durch Versuche vor dem Schirm Kenntnis verschafft, und es sollen im folgenden charakteristische Bilder, die das Gesagte erläutern, abgebildet werden. Es war unvermeidlich, dass Wesentliches vorweg genommen werden musste und detaillierte Schilderungen bei der Besprechung der Bilder nachgeschickt werden. Die Bilder sollen in derselben Reihenfolge vorgeführt werden, in der die einzelnen Experimente unternommen werden.

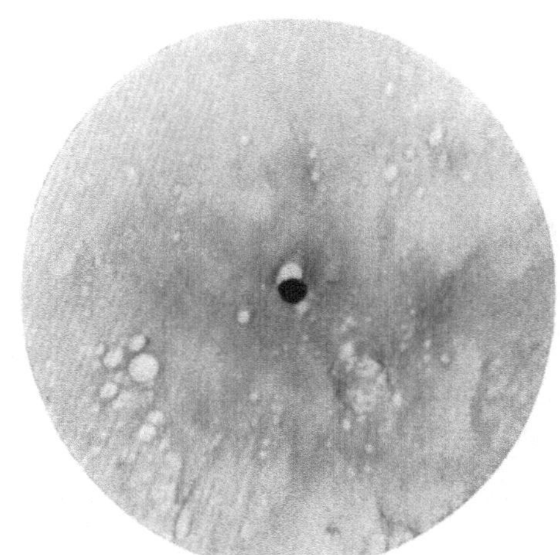

Abb. 7.

Abb. 7 zeigt das Reflexbild eines normalen Kaninchenauges bei eingelegtem Lidhalter. Rechts oben liegen zwei Haarschatten, von oben rechts nach unten links fliesst der Tränenstrom, dem alle ringförmigen Gebilde mit doppelter Kontur, sowie die rechts unten liegenden, vorhangartigen Lichtzüge angehören. Rechts, etwas unten gegen den Rand zu, sind einige dunklere, wellige Partien, die eine nicht ganz glatte Oberfläche verraten, sichtbar. Die Helligkeit des ganzen Bildes nimmt radiär ab. Die Hornhautoberfläche manifestiert sich mit Ausnahme der im Bilde rechts unten gelegenen, welligen Partien nur durch ihre Wölbung, welche die radiär abnehmende Schwärzung bewirkt. Die Oberflächengestaltung der Tränenschicht ist unten rechts von Einfluss, wo die vorhangartigen Lichtzüge verraten, dass dort die Tränenoberfläche sich nicht der Hornhaut anschmiegte, sondern in dicker Schicht, unregelmässig gestaltet, einen unebenen Spiegel bildete. Abstand 95 mm.

In den Tränen schwimmende Partikelchen veranlassen Ringlichtzüge, indem entweder ihre Oberfläche, das ist die Diskontinuitätsfläche von Tränen und Partikelchen reflektiert und als konisches Gebilde einen Ringlichtzug erzeugt oder indem von der Hornhautoberfläche reflektiertes Licht auf ein solches Partikelchen trifft und an dessen Begrenzung gebrochen oder gebeugt wird, oder dessen Lichtundurchlässig-

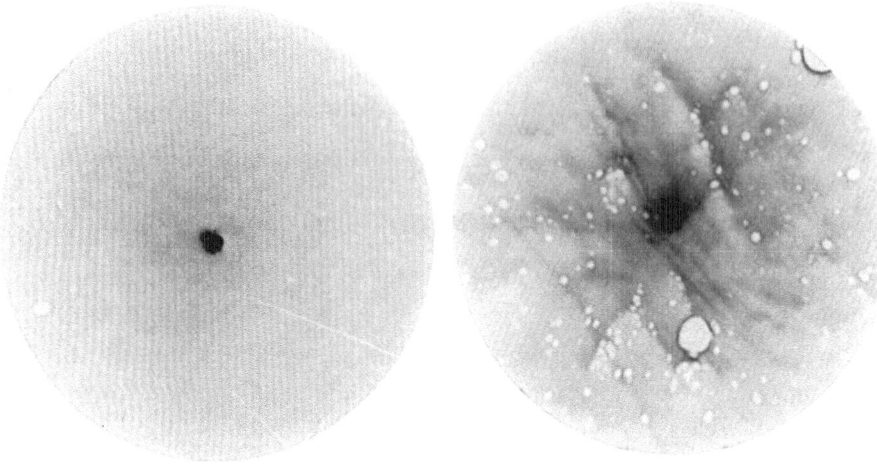

Abb. 8. Abb. 9.

keit einen Schatten veranlasst. Im ersteren Fall wird die Grösse des Ringlichtzuges von der Wölbung des Partikelchens abhängen, im zweiten das Schattenbild teils von seiner Form, teils von seiner Lage.

Abb. 8. Ein Kaninchenauge, unmittelbar nach der Luxation aufgenommen. Es ist das Bild einer fast ideal glatten Oberfläche von regelmässiger Krümmung. Unten ganz am Rande liegen einige, der Tränenflüssigkeit angehörende Reflexe. Rechts unten sieht man einige Haarschatten. Abstand 90 mm.

Abb. 9. Ein Kaninchenauge, 15 Minuten nach der Luxation. Es sind die ersten Anzeichen der Vertrocknung zu sehen. Die schrägen Lichtzüge, die von rechts nach links ziehen, verraten beginnende Furchenbildung. Dellenbildung manifestiert sich im Auftreten von Ringlichtzügen. Abstand 100 mm.

Die ersten 3 Abbildungen sind konturarm, sie zeigen, dass die normale Hornhautoberfläche eine sehr glatte Fläche ist, die durch Vertrocknung den Charakter der Glattheit verliert. Die Tränen schmiegen sich der Hornhautoberfläche fast völlig an, wenn ihnen die Möglichkeit, in den Taschen und Buchten der umgebenden Gewebe, Lidrand, Bindehautsack, Lachen zu bilden, genommen wird, welcher Umstand aus den Unterschieden von Abb. 7 — eingelegter Lidhalter — und Abb. 8 — luxiertes Auge — erschlossen werden kann.

Nach Aufnahme von Bildern normaler Augen wurde versucht, durch Abänderung des relativen Brechungsquotienten von Hornhaut und Kammerwasser Reflexe aus der Tiefe hervorzurufen.

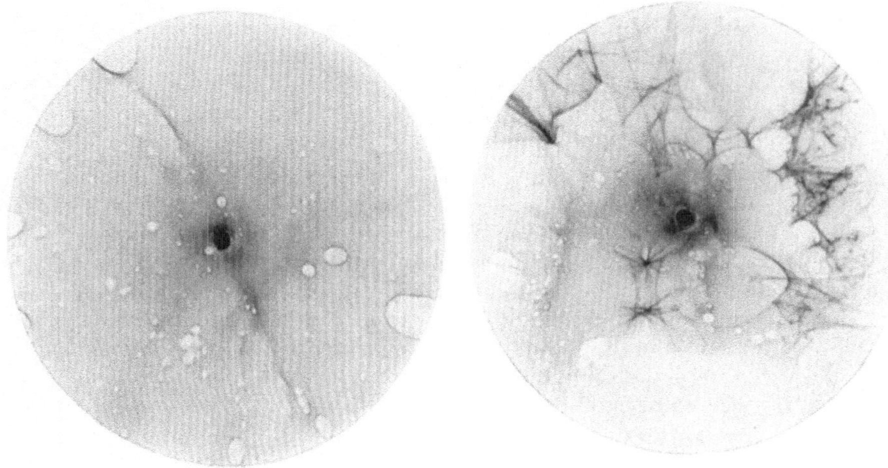

Abb. 10. Abb. 11.

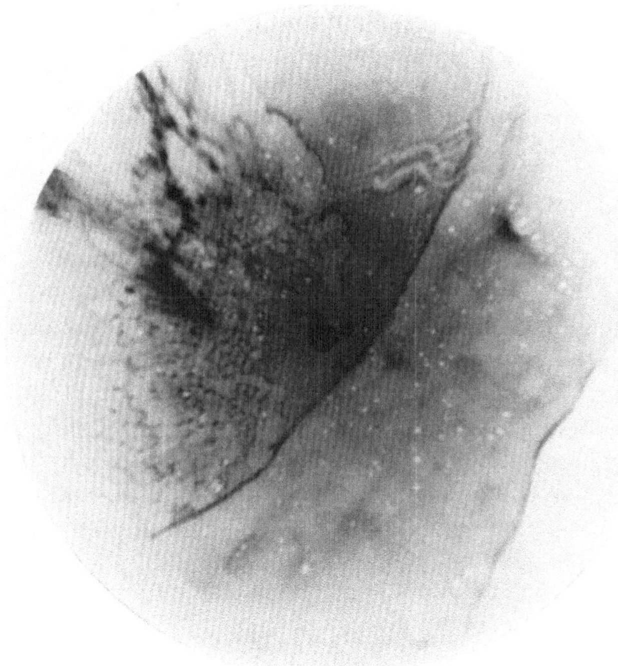

Abb. 12.

Abb. 10 zeigt ein luxiertes Auge kurze Zeit nach der Luxation. Man achte auf den Haarschatten oben rechts. Abstand 90 mm.

Abb. 11 ist dasselbe Auge wie in Abb. 10, was an den gleichen Haarschatten kenntlich ist. Das Auge wurde luxiert, die Vorderkammer punktiert, das Kammerwasser abgelassen und durch Olivenöl wieder aufgefüllt. Die diffuse Helligkeit nimmt radiär stärker ab als in Abb. 10. Die Hornhautwölbung ist also grösser infolge der Auffüllung mit Olivenöl, wozu ein erheblicher Überdruck nötig war. Die vorhangartigen, sehr lichtstarken Lichtzüge sind durch das Öl, welches sich mit dem restlichen Kammerwasser nicht mischt, sondern emulgiert, verursacht. Sie lagen, was an ihrer Beweglichkeit ohne weiteres vor dem Schirm zu sehen war, im Reflektogramm fast in das Gegenteil verkehrt zu sein scheint, deutlich hinter den von der Hornhautoberfläche herrührenden Reflexen, die in der Bildmitte auffallen. Die kleinen Ringlichtzüge stammen von der Hornhautoberfläche. Abstand 90 mm.

Abb. 12. Kaninchenauge nach Füllung der Vorderkammer mit Luft. Man sieht den Limbus als geschwungenen, doppelt konturierten, verwaschenen Lichtzug schräg von unten links nach rechts oben ziehen. Die links oben gelegenen Lichtzüge sind unscharf und verwackelt, sie hatten sich, wie Luftbläschen einer Libelle auf nicht erschütterungsfreier Unterlage, unaufhörlich bewegt. Der hellere Teil, der bis zu dem dem Limbus parallelen Lichtzug reicht, rührt von einer Hornhautpartie her, an der die Iris der Hornhauthinterfläche auflag. Dort bestand noch eine kapillare, spaltförmige Kammer, in die fast keine Luft eingetreten war. Im linken Bildteil, in einem dreieckigen Bezirke, dessen spitzer Winkel zur Bohrung zeigt, und dessen untere Seite mit dem lichtstarken Luftreflex zusammenfällt, liegen, von einem S-förmigen Gebiete unterbrochen, netzförmig angeordnete Lichtzüge, die je zwei von einem Lichtpunkt auszugehen scheinen, Lichtzüge, deren Schwärzung anzeigt, dass sie an Luft grenzenden Partien angehören. Abstand 80 mm.

Eine solche Netzung ist nur möglich, wenn die zugehörige Oberfläche eine bestimmte, regelmässig wiederkehrende Form hat. Nun wird sich die Luft, im Kammerwasser suspendiert, bestreben Kugelform anzunehmen, also Luftbläschen zu bilden, wenn sie nicht durch besondere Kräfte daran gehindert wird. Im allgemeinen wird nach Ablassen des Kammerwassers und nachheriger Auffüllung der Vorderkammer mit Luft diese nicht unmittelbar an die Hornhauthinterfläche grenzen, sondern die Hornhauthinterfläche wird mit einer kapillaren Kammerwasserschicht bedeckt bleiben. Selbst dann wird eine Kammerwasserhaut die Hornhauthinterfläche bedecken, wenn anscheinend das gesamte Kammerwasser abgelassen ist. Es ist aber möglich, dass diese Wasserhaut entweder sehr dünn wird, dünner als $\lambda/4$, so dass sie optisch unwirksam wird oder dass sie reisst, d. h. sich zurückzieht oder etwa verdunstet oder dergleichen, kurz, dass schliesslich Luft unmittelbar an die Hornhauthinterfläche grenzt. Dann wird sich diese im Reflexbild wegen des grossen Brechungsunterschiedes der Hornhauthinterfläche zu Luft manifestieren. Ich glaube, dass dies in dem dreieckigen Bezirke um das S-förmige Gebiet herum der Fall ist. Denn anders könnte man sich die sehr regelmässige Netzung kaum erklären. Das Endothel zeigt, wie aus der Untersuchung im hinteren Spiegelbezirk an der Spaltlampe gut bekannt ist, eine Wabenform, die Zellgrenzen bilden die Grenzen der Waben, die Zellkörper bzw. -oberflächen die Waben selbst. Sehr deutlich zeigt die Verhältnisse des Endothels das Photogramm.

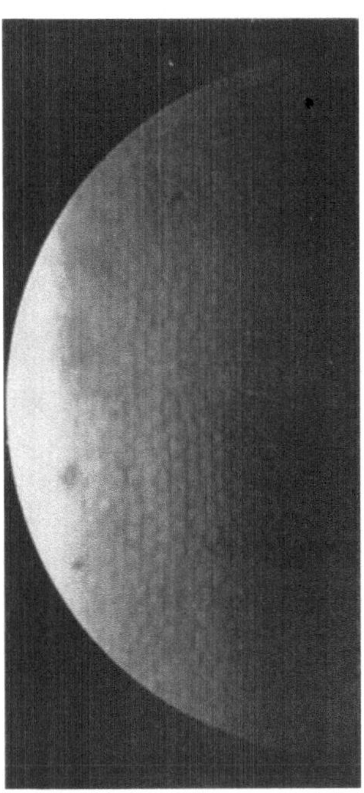

Abb. 13.

Abb. 13[1]. Am linken Bildrand ist das Ende des Spaltbildes als hellweisse und scharfbegrenzte Fläche sichtbar, an welche sich das Relief des Endothels anschliesst. Die Endothelzellen sind sehr gleichmässig ausgebildet, annähernd sechseckig gestaltet, die Zellkuppen flach. Es wurde das rechte Auge eines tief narkotisierten Kaninchens photographiert.

Es liegt kein Grund vor, der gegen die Annahme spräche, dass die Zellkörper eine Wölbung annähernd gleicher Krümmung, dass die Zellkuppen gleiches Niveau haben und Zelle an Zelle in gleicher Weise angrenzt. Die Grenzen hätten dann im Schnitt die Form einer Zykloide. Diese kreuzten sich um jede Zelle viermal. Eine solche Anordnung ergäbe ein ebenso regelmässiges, sich regelmässig wiederholendes Reflexbild, wie das reflektierende Relief regelmässig ist und sich regelmässig wiederholt, und zwar erregten die Grenzen Lichtzüge, ihre Kreuzungsstellen einer Kaustik ähnliche Schnittkurven, die ihrer Kleinheit wegen als Lichtflecke imponierten, um die sich sternstrahlenförmige Lichtzüge gruppieren. Wenn man also annähme, dass die netzförmigen Lichtzüge von den Endothelzellgrenzen herrühren, dann wäre noch die Maschenweite der Netzung zu diskutieren. Nun ist hier die Vergrösserung der Hornhaut

[1]) Dieses Photogramm ist mit der Mikrobogenspaltlampe und dem Focu (Zeiss) mit Hilfe besonderer Zusatzeinrichtungen, die ich demnächst ausführlich beschreiben werde, aufgenommen; es ist eine etwa 500fache Vergrösserung.

zu berücksichtigen resp. der Durchtritt der Strahlen durch die Hornhaut und die Tränen in Luft, welcher Umstand als Übergang des Lichtes aus einem dichteren in dünnere Medien eine Brechung vom Lote bewirkt, die Strahlen würden also divergenter austreten, was eine Verbreiterung der Maschenweite im Reflektogramm zur Folge hätte. Der Einwand, weshalb die Netzung nicht der Vorderfläche angehören sollte, ist damit zu widerlegen, dass die Lichtzüge sehr hell sind, d. h. in den Negativen starke Schwärzung aufweisen, was dem grösseren Brechungsunterschied Hornhaut gegen Luft, als Hornhautoberfläche gegen Tränen entspräche. Stellen wie der S-förmige Bezirk endlich entstünden dadurch, dass an solchen Stellen, z. B. auch an den zwei rechts oben gelegenen ζ-förmigen, die Hinterfläche in umschriebener Form nicht an Luft, sondern noch an Kammerwasser grenzt. Weitere Versuche, die diese hier vorgetragene Hypothese stützen sollen, werde ich in einer nächsten Arbeit mitteilen.

Die Abb. 10—12 zeigen, dass aus der Tiefe Reflexe kommen können, wenn sich hinter der Hornhaut Gebilde befinden, die ein von dem des Kammerwassers stark abweichendes Brechungsvermögen haben, mag dieses größer oder geringer sein als das des Kammerwassers. Die Hornhauthinterfläche wurde bei diesen Versuchen umschrieben sichtbar, wenn sie unmittelbar an Gebilde mit entsprechendem Brechungsindex grenzte. Es traten dann netzförmige, lichtpunktführende Lichtzüge auf, die zu einem zufällig[1]) der reflektierenden Oberfläche ähnlichen Reflektogramm zusammentraten. Reflexformationen dieser Art werden uns in der Folge oft begegnen. Solche, die aus netzförmigen, lichtpunktführenden Lichtzügen bestehen, die schwärzungsfreie Maschen von etwa gleicher Form und Grösse umschliessen, sollen im weiteren kurz als Wabennetzung[2]) bezeichnet werden.

2. Das Reflexbild nach mechanischen Eingriffen.

In zweiter Folge wurde durch mechanische Verletzung der Vorderfläche festzustellen versucht, ob und inwieweit die Folgen mechanischer Läsionen sich im Reflexbild manifestieren. Ferner wurden mechanische Verletzungen der Hinterfläche ausgeführt.

---

[1]) Zufällig deshalb, weil es sich ja um keine Abbildung handelt, wie S. 11 ausgeführt und wo auf solche Fälle hingewiesen wurde.

[2]) Wabennetzung findet sich ausserdem in den Bildern 20, 39, 40, 54, 65, 67, 69, 70, 71, 86, 87, 98, 109, 111, 112.

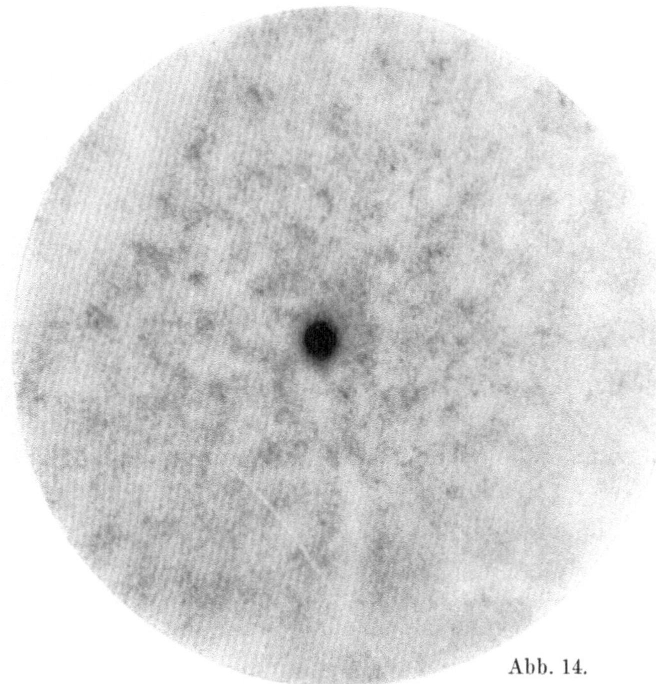

Abb. 14.

Abb. 14. Es wurde mit dem Graefemesser eine Abrasio des ganzen Hornhautepithels gemacht. Von rechts nach links, ziemlich steil, steigt eine parallel begrenzte, helle Partie nach oben aussen; hier stiess das Messer in das Parenchym. Sonst besteht das Bild aus feinen, wechselnd hellen Lichtpunkten in regelloser Verteilung, die durch ebenso viele kleine, wechselnd zueinander geneigte Flächen verursacht sind. Die diffuse Schwärzung des Bildes ist viel geringer als bei glatter Oberfläche und nimmt auch radiär ab. Die Krümmung der Oberfläche dürfte durch die Epithelabschabung unverändert geblieben sein. Abstand 110 mm.

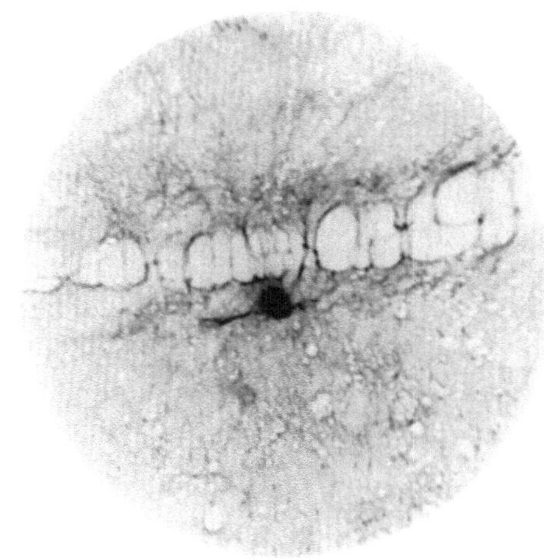

Abb. 15.

Abb. 15. Mit einer Nadelspitze wurde eine Erosion erzeugt. Die Lichtzüge der Begrenzung der Erosion sind fast alle ge-

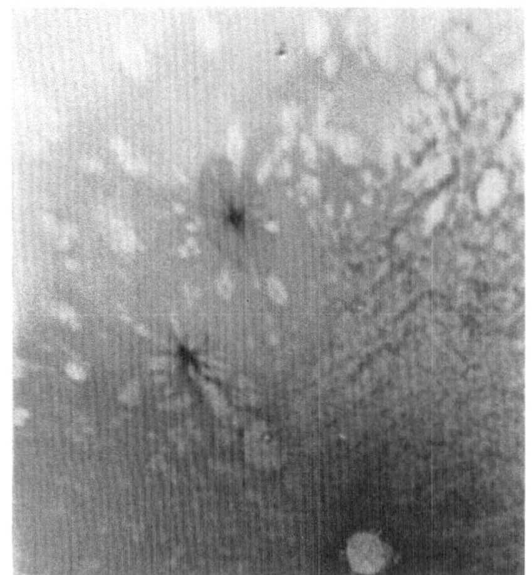

Abb. 16.

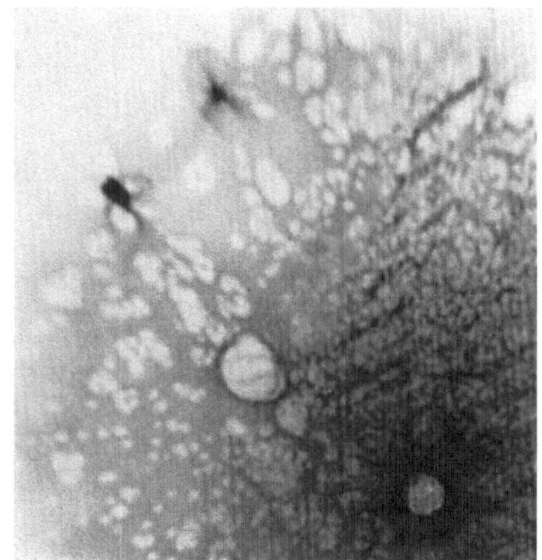

Abb. 17.

krümmt, enden und gehen über in einen Lichtpunkt. Einige sind verwaschen, zeigen aber ein Schwärzungsmaximum, das oft symmetrisch gelegen ist. Die Erosion ist nicht glatt, sondern unterbrochen. Die Nadelspitze hüpfte wahrscheinlich über die Oberfläche. Die Ringlichtzüge gehören teils der Tränenflüssigkeit, teils der Hornhautoberfläche an. Ausserdem lässt das Bild eine Chagrinierung erkennen, die aus einem wechselnd deutlichen Lichtzug-, Lichtpunkt- oder Lichtfleck-System besteht, welche Bildungen wohl als eine feinsthöckerige Oberfläche von differenter örtlicher Beschaffenheit zu deuten sein dürften. Abstand 85 mm.

Abb. 14 und 15 zeigen, welchen grossen Einfluss das Epithel am Zustandekommen des Reflexbildes hat. Die unter dem Epithel gelegenen Hornhautschichten reflektieren viel weniger. Das geringere Reflexionsvermögen ist im Brechungsvermögen begründet. Der Brechungsindex des Epithels ist grösser als der des Hornhautgewebes. Die Stelle im Bild, wo das Messer in das Parenchym drang, ist daher hell, ebenso wie das erodierte Gebiet in Abb. 15. Ich habe durch eine grosse Anzahl Versuche den Einfluß des Epithels, sowie seine große Reflexionsfähigkeit bestätigen können. Ich bilde die zugehörigen Reflektogramme nicht ab, da aus ihnen nichts wesentlich Neues zu entnehmen ist. Auch bezüglich des Hervorrufens von Reflexen aus der Tiefe habe ich noch eine große Anzahl von Versuchsreihen ausgeführt, so z. B. Einbringen von Metallgegenständen in die Vorderkammer, Füllen mit Farblösungen und dergleichen, immer mit demselben Ergebnis wie bei den Abb. 11 und 12, weshalb ich auch sie übergehe.

Abb. 16. Dieses Bild ist nur ein Ausschnitt aus einem Gesamtbilde, der hergestellt wurde, um durch die vielen, hier nicht interessierenden, sehr komplizierten Lichtzüge nicht abzulenken. Es zeigt zwei eigenartige, sofort ins Auge fallende Lichtgruppen links oberhalb der Bildmitte, die nach Nadelstichen auftraten. Abstand 35 mm.

Abb. 17 ist dasselbe Auge bei unveränderter Stellung, nur etwa 48 mm Entfernung.

Abb. 18 zeigt wieder dasselbe Auge in derselben Stellung, aber in 93 mm Entfernung.

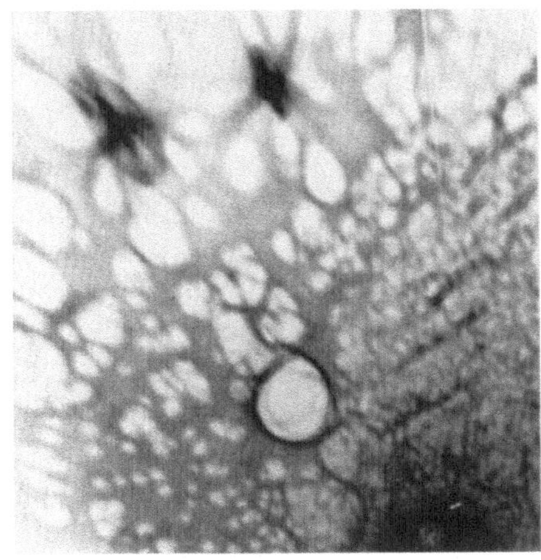

Abb. 18.

Abb. 16. 17 und 18 zeigen alle den Beginn der Vertrocknung in graduell fortschreitender Weise. Wiedergegeben wurden sie wegen des auffallenden Verhaltens der bezeichneten zwei Lichtzuggruppen. die sich nach Ort. Form und Grösse mit zunehmender Entfernung in eklatantester Weise veränderten. Es ist ohne weiteres klar. dass die untere Lichtzuggruppe von einem Strahlenbündel herrührt. das seinen Schnittraum wenig vor oder hinter der Schirmebene hat, während der der oberen Lichtzuggruppe hinter dieser liegt. Es handelt sich um die Seite 12 beschriebenen Reflexe. die Ort und Form nach dem Objektabstand verändern und durch kompliziert gebaute. konkav gekrümmte Oberflächen hervorgerufen werden.

Abb. 19. Mit einer in die Vorderkammer eingeführten Nadelspitze wurde die Hornhauthinterfläche geritzt. Es traten sofort zwei parallele, verwaschene Lichtzüge in grossem Abstand zueinander auf. Die parallelen und verwaschenen Lichtzüge sind nicht als Tiefenreflexe, sondern als Ausdruck der Buckelbildung an der Oberfläche zu deuten, welche Buckelbildung durch blosses Antupfen an der Hinterfläche entstand. Zwischen den parallelen Lichtzügen ist die Schwärzung ein wenig geringer als in den übrigen Teilen des Bildes. Innerhalb des Bereiches zwischen den zwei Lichtzügen liegen einige konglomerierte, nicht geschlossene, ringförmige Lichtzüge, vor allem rechts, die quaddelförmigen Oberflächenstücken angehören. Abstand 112 mm.

Mit dem Hornhautmikroskop (Spaltlampe) sah man einen Riss der Hinterfläche nach Art der Deszemetknitter mit doppelter Begrenzung und wallartig aufgekrempelten Rändern. Während der Manipulation traten höchst lebhafte und sehr charakteristische Lichtzüge auf, die

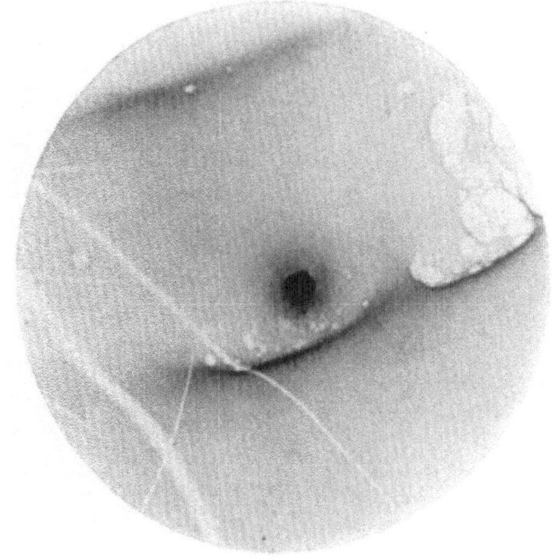

Abb. 19.

zeigten, dass durch die geringste Berührung die Hornhaut in ihrer ganzen Dicke alteriert wird, da sogleich die Vorderfläche im Sinne einer konischen Vorwölbung ausgebuckelt wurde. Die Hornhaut von der normalen Spannung entlastet, ist sehr weich und deformierbar. Hört die Berührung mit der Nadel auf, so verschwinden diese so lebhaften Lichtzüge in der umgekehrten Reihenfolge, in der sie auftraten. Es war wegen der Schnelligkeit des Entstehens und Vergehens der Erscheinung unmöglich, im Reflektogramm wenigstens eine Phase des Vorganges festzuhalten.

Durch mechanische Verletzungen ist das Reflexbild beeinflussbar und zeigt je nach der Ausdehnung der Verletzung charakterische Lichtzüge mannigfacher Art. Fehlt das Epithel, so wird das Reflexbild vollständig verändert. Die Erosion in Abb. 15 war ausserordentlich fein, selbst nach Fluoreszeinfärbung sah man nur einen haarscharfen Strich an der Spaltlampe. Das zugehörige Reflexbild aber ist sehr ausgeprägt und breit. Durch Verletzungen ganz umschriebener Art konnten einer Kaustik ähnliche Reflexgruppen hervorgebracht werden. Veränderungen der Hinterfläche, auf die noch zurückgekommen wird, zeigten sich nicht im Reflexbild.

3. Das Reflexbild nach Einwirkung pharmakodynamisch und chemisch wirkender Stoffe.

In Abb. 19 ist ein dicker Schatten zu sehen, der von einem Schleimfaden herrührt, der auf der Hornhaut lag. Um diesen zu entfernen, spritzte ich destilliertes Wasser aus einer Spritzflasche über die Hornhaut. Ziemlich rasch nachher veränderte sich die Oberfläche vollständig, und es entstand

Abb. 20. Die Lage der Hornhaut ist in dieser Abbildung gegenüber der in Abb. 19 etwas verändert. Die ganze Abbildung ist bedeckt von langezogenen, netzartigen, oft vielfach konturierten Lichtzügen, die regelmässig und aus-

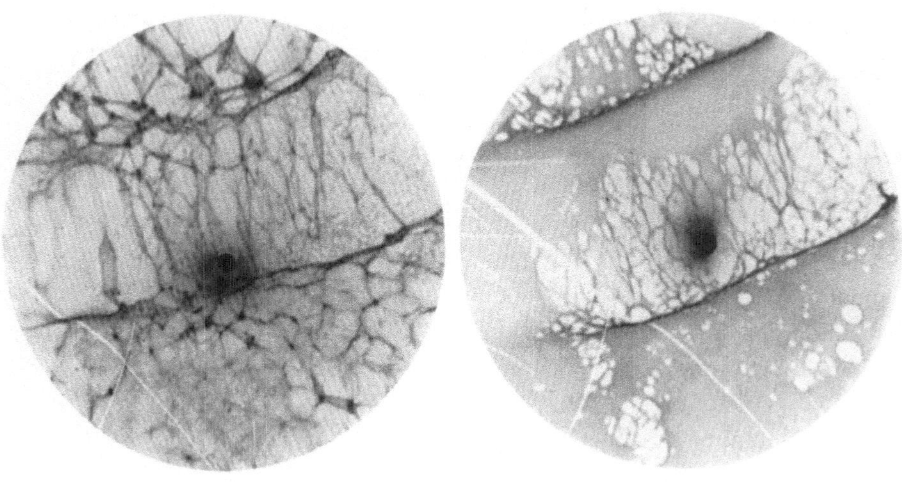

Abb. 20. Abb. 21.

schliesslich durch Bespülen mit Wasser an der Hornhaut des luxierten Kaninchenauges entstehen. Interessanterweise sind die parallelen Lichtzüge ihrer Richtung nach erhalten geblieben, ein Umstand, der zeigt, dass sie nicht an der Hinterfläche entstehen, sondern der Vorderfläche angehören, die, mit Wasser benetzt, ihre Form verändert. Die parallelen Lichtzüge können also nicht der an der Spaltlampe sichtbaren Deszemetveränderung zugeordnet werden, was schon aus der Form der Lichtzüge ableitbar ist, wenn auch andererseits der Abstand der Lichtzüge zueinander in diesem Sinne verwertbar wäre. Ausserdem ist in dieser Abbildung eine feine Wabennetzung zu sehen, die Ähnlichkeit mit der von Abb. 12 hat. Abstand 112 mm.

Abb. 21 zeigt dasselbe Auge nach Bespülen mit physiologischer Kochsalzlösung, die eine fast völlige Wiederherstellung des ursprünglichen Zustandes, Abb. 19, bewirkt. Im Gebiet zwischen den parallelen, verwaschenen Lichtzügen ist die netzartige Anordnung, die eine gewisse Ähnlichkeit mit der nach Einwirkung von destilliertem Wasser zeigt, zu sehen. Sonst ist die Oberfläche glatter als in Abb. 20. Die Abbildung ist nicht unmittelbar nach der Einwirkung von Kochsalz aufgenommen, zu welchem Zeitpunkt die Oberfläche ganz glatt ist. Zur Zeit der Exposition war schon eine geringe Vertrocknung eingetreten, die sich im Auftreten der Ringlichtzüge kundgab, die ober- oder unterhalb der beiden verwaschenen parallelen Lichtzüge liegen. Abstand 112 mm.

Es ist bemerkenswert, dass fast unmittelbar nach dem Auftropfen der Kochsalzlösung die parallelen Lichtzüge sichtbar wurden, oberhalb derselben traten etwa nach einer Stunde wabig modellierte Lichtzugfiguren auf. Im Gebiet zwischen den parallelen Lichtzügen dagegen entstand das netzartige, an das Wasserbild erinnernde Relief sehr rasch, um nach etwa $1^1/_4$ Stunde fast vollkommen dem Wasserbilde zu gleichen. Ausserhalb der parallelen Lichtzüge wurden nur die Zeichen der Vertrocknung nach längerer Zeit sichtbar. Wenn man mit einem passend gewählten Röhrchen kurze Zeit nach dem Betropfen mit physiologischer Kochsalzlösung über die Hornhaut blies, so entstand das Wasserbild in der Bildmitte sehr rasch.

Da sich in diesen Versuchen herausstellte, dass die Hornhautoberfläche bzw. die ihr zugehörenden Reflexe durch Betropfen mit Wasser und mit Kochsalzlösung beeinflussbar waren und durch Betropfen mit Wasser immer dasselbe Bild entstand, versuchte ich in weiterer Folge, ob sich ähnliches auch mit anderen Flüssigkeiten erreichen liess. Ich luxierte zu diesem Zwecke einen Kaninchenbulbus, tropfte den Inhalt einer Pipette über die Hornhaut und beobachtete die nun eintretenden Veränderungen. Es gelang nur, Phasen aus der Reihe der fortschreitenden Veränderungen auf photographischem Wege festzuhalten. Ich bilde deshalb nur solche Reflektogramme im folgenden ab, die mir am sinnfälligsten die durch Tropfmittel verursachten Veränderungen aufzuzeigen scheinen, und ferner solche, in denen mir der Unterschied gegenüber den Veränderungen, hervorgerufen durch andere Stoffe am grössten zu sein scheint. Ich habe diese Versuche sehr oft und zu verschiedenen Zeiten ausgeführt und gefunden, dass einzelne Stoffe für sie charakteristische Veränderungen hervorrufen, mögen auch individuell wechselnde Faktoren, Zustand und Alter des Tieres, Tropfenmenge, Luftfeuchtigkeit und dergleichen einen verändernden Einfluss entfalten können.

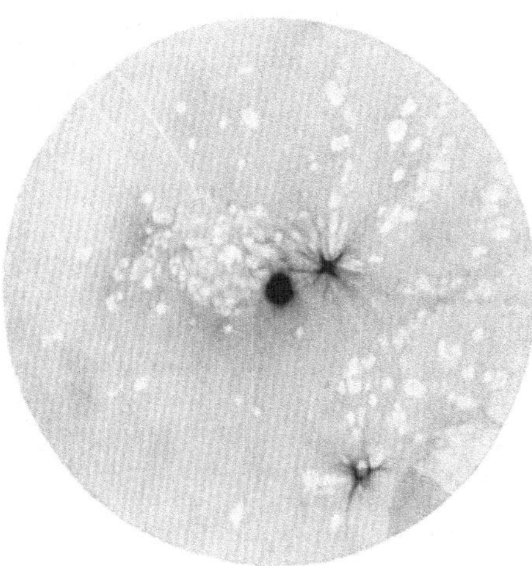

Abb. 22.

Ich habe fast alle Augen nach dem Versuche mit der Binokularlupe oder Spaltlampe untersucht, und dabei wechselnd deutliche Zeichen der Vertrocknung, Rillen-, Dellen-, Grübchen-Bildung, in Runzeln angeordnet, die ganze Oberfläche furchend, gefunden. Ich konnte mit Sicherheit so auffallende Unterschiede zwischen verschieden behandelten

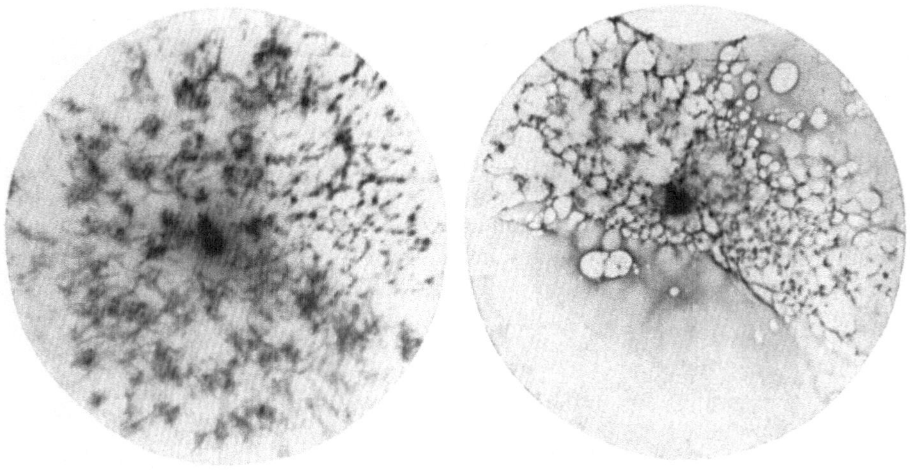

Abb. 23. Abb. 24.

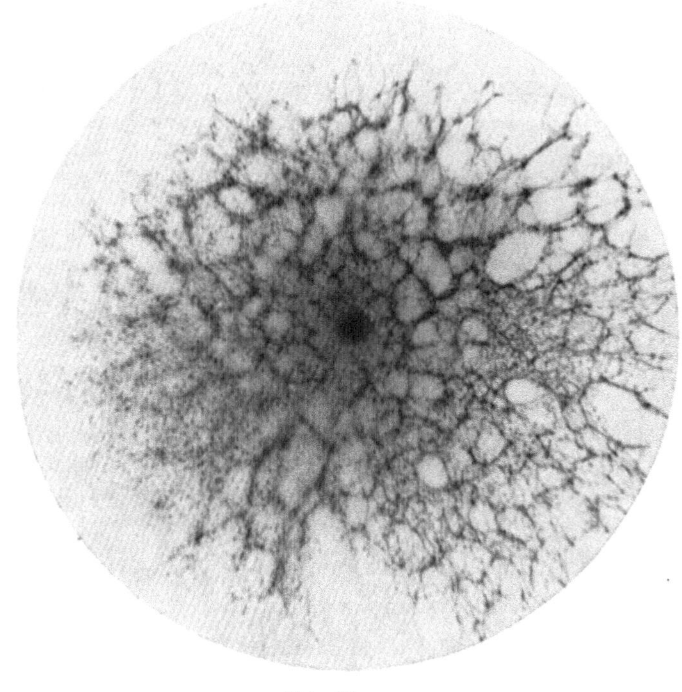

Abb. 25.

Augen, wie sie sich in den Reflektogrammen darstellen, an der Spaltlampe nicht auffinden. Es fehlte auch die Parallelität zwischen dem Spaltlampenbild und dem Reflexbild bezüglich der Intensität der Veränderungen. Gelegentlich fand sich ein sehr reich und wechselnd gestaltetes Reflexbild, wie wohl an der Spaltlampe nur spärliche Dellung zu sehen war und umgekehrt. Es ist ja eingangs schon erörtert worden, dass die beiden Untersuchungsmethoden bezüglich der Hornhautoberfläche nicht ohne weiteres vergleichbar sind.

Als erstes Bild dieser Reihe ist das eines Auges abgebildet, welches ohne Anwendung von Tropfmitteln durch etwa zwei Stunden luxiert gehalten wurde.

Abb. 22. Zahlreiche ringförmige Lichtzüge, in der rechten Bildhälfte zwei sternförmige; wolkenartige Schwärzungszonen in der linken Hälfte bis zur Peripherie. In der Mitte links ein Areal engstehender Ringlichtzüge. Die Oberfläche zeigte beginnende, mässige Dellenbildung. Abstand 90 mm.

Abb. 23. Die Hornhaut ist mit 5%igem Kokain[1]) behandelt worden, die Aufnahme erfolgte etwa ½ Stunde nach dem Betropfen. Die einzelnen Phasen der Kokainwirkung sind sehr schön nebeneinander zu sehen. Von rechts nach links nimmt die Ausbildung der Kokainwirkung zu. Eine Deutung ist sehr schwierig, die Oberfläche ist unregelmässig, in eine Unmenge wechselnd steil gegeneinander geneigter Flächen, ebenen und krummen Charakters, umgewandelt. Abstand 110 mm. Im Vergleich dazu zeigt

Abb. 24 ein nicht luxiertes, mit 5%igem Kokain behandeltes Auge. Im Lidspaltenbereich ist in der schrägen Mitte der Abbildung die Kokainwirkung recht deutlich, auch hier ein Nebeneinander von verschiedenen Phasen. Die untere Hälfte der Abbidung zeigt keine auffallenden Veränderungen, doch sind in ihr dort, wo anscheinend Glattheit ein homogenes Reflexbild schafft, bei näherem Zusehen, besonders unterhalb der zentralen Bohrung, unscharfe Lichtfelder, in welchen den Tränen zugehörige Ringlichtzüge liegen, wahrzunehmen, die wechselnd deutlich sich bis zum unteren Bildende erstrecken. Durch Abziehen der Lider konnte auch hier das Relief deutlich gemacht werden, wahrscheinlich durch Verschiebung von Tränen differenter Art. Abstand 105 mm.

Abb. 25. ½%iges Holokain. Aufnahme 20 Minuten nach dem Betropfen. Das Reflexbild besteht fast ausschliesslich aus Lichtpunkten, die in mehr oder minder dichten Haufen liegen. Die Lichtpunkte erreichen eine solche Ausdehnung, dass man sie schon als Lichtflecke ansprechen muss. Lichtflecke gehören zu doppelt gekrümmten Oberflächenstücken, Lichtpunkte zu ebenen. Die Haufen, zu welchen vereinigt Lichtpunkte und Lichtflecke liegen, zeigen feldartige Anordnung. Diesen Reflexen liegt eine fazettierte Oberfläche zu-

[1]) Die Veränderung des Hornhautepithels durch Kokain ist bekannt, in neuerer Zeit hat vor allem Koeppe der Untersuchung der „Kokainschädigung" Aufmerksamkeit geschenkt.

grunde. Zahlreiche gegeneinander geneigte Flächen, teils ebenen, teils doppelt gekrümmten Charakters, die an den Hängen von Zügen und Tälern angeordnet sind, welche eine Felderung aufweisen. Die Felderung im Reflexbild lässt eine gewisse Regelmässigkeit in der Anordnung der Maschen und ihrer Grösse ebenso wie in den sie begrenzenden Punkthaufen erkennen. Es treten hier offensichtlich zwei Dinge in Erscheinung: Die Fazettierung, die als Punktreflexe die Einzelheiten des Bildes bildet und ein grobes Relief, welches die Felderung im Reflexbild bewirkt. Die Felder zwischen den Lichtzuggruppen sind reflexarm, oft lichtleer. In der rechten Abbildungsseite finden sich Lichtzüge, die Lichtpunkte tragen und ganz lichtlose Felder umschliessen, während in der linken Lichtpunkte vorherrschen und eine Felderung zurücktritt, aber nicht völlig fehlt. Abstand 90 mm.

Zeitliche Differenzen in der Bildung der Felderung und der Lichtpunkte sind wohl vorhanden, aber ich konnte sie nicht eindeutig feststellen. Der Felderung liegt ein viel distanzierteres und gröberes Oberflächenrelief zugrunde wie der Punktbildung. Die Licht-Punkte oder -Flecken könnten nach ihrer Helligkeit einer Fläche von der Grösse einer Zelle, ja noch kleinerer Elemente angehören, die Felder aber nur ganzen Zellkomplexen angenähert gleicher Grösse zukommen. Welche anatomische Grundlage diese Formationen haben, lässt sich einstweilen nicht sagen, ich werde darauf bei der Schilderung der Eigentümlichkeiten der menschlichen Hornhaut noch zurückkommen, wo ähnliche Formationen häufiger sind. Wir wollen diese Reflexgruppierung Punktnetzung mit Felderung[1]) nennen.

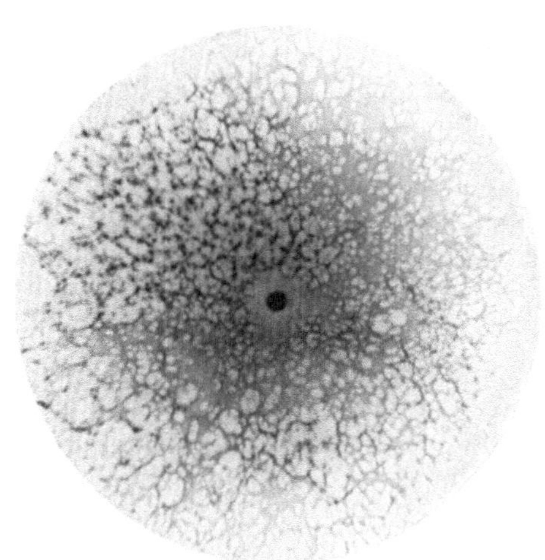

Abb. 26.

Abb. 26. 2%iges Novokain, etwa 25 Minuten nach dem Tropfen aufgenommen. Bis auf die linke obere Hälfte, in welcher überwiegend Lichtpunkte, verbunden durch Lichtzüge, sichtbar sind, ringförmige, oft netzartig verbundene, oft durch Lichtfelder, also diffuser Schwärzung, zusammenhängende Reflexzüge. Die Oberfläche hat hier mehr den Charakter der Dellung, deren

[1]) Punktnetzung mit Felderung findet sich ferner in den Abb. 28, 38.

Lage und Häufigkeit bald sehr dicht, bald mehr distinkter ist. Die Fazettierung tritt zurück und macht einer noch zarteren Netzung Platz. Abstand 95 mm.

Abb. 27. 2%iges Alypin, etwa 15 Minuten nach dem Betropfen aufgenommen. Verwaschene, sehr kleine Lichtzüge, wenig Lichtpunkte, streifenförmige Lichtzüge, Die Oberfläche ist in unregelmässig gekrümmte, oft sattelartig gebogene Flächenstücke zerfallen. Durch die periphere Verzerrung wird am Bildrand die Wabennetzung auch in diesem Bilde deutlich. Abstand 85 mm.

Abb. 28. 2%iges Stovain, etwa 30 Minuten nach dem Betropfen aufgenommen. Das ausgesprochene Bild der Fazettierung. Klinisch bot das Auge den Anblick des gestichelten Spiegelbildes der Hornhaut. Auch in diesem Bilde herrscht eine gewisse Felderung vor, entstanden durch Anhäufung und Aggregation von Punkt- und Fleck-Reflexen. In den peripheren Teilen des Bildes sind diese Felderungen ganz deutlich. Die lichtlosen Zwischenräume sind klein. Abstand 75 mm.

Abb. 29. 2%iges Tutokain; 25 Minuten Einwirkungszeit. In der Abbildung lassen sich zwei Gruppen von netzartig angeordneten Lichtzügen unterscheiden. Stark ausgeprägte, lichtstarke Lichtzüge mit Lichtpunkten, die oft als Ausgangspunkte von 3—4 Lichtzügen imponieren, und lichtschwache Lichtzüge, die viel verwaschener sind, keine Lichtpunkte führen und zwischen die lichtstarken einmünden. Abstand 80 mm.

Solchen Reflexformationen werden wir im weiteren noch begegnen, sie sollen kurz als Doppelnetzung[1]) bezeichnet werden. Die Oberfläche zeigte nach Einwirken von Tutokain zarte, enggestellte Dellen und Grübchen, klinisch eine feingestippte Oberfläche.

Abb. 30. 2%iges Psikain, 15 Minuten nach dem Eintropfen photographiert. Es liegt fast das gleiche Bild vor wie bei Tutokain. Die Doppelnetzung ist deutlicher, zum Unterschied gegen Abb. 29 aber das lichtstarke Lichtzugsystem besonders in den zentralen Partien verwischter. Die Oberfläche war mit zahlreichen kleineren Dellen, die an gemeinsamen Hängen sassen, und grösseren Dellen, in deren abhängigen Partien sekundäre Dellen aufgesetzt waren, bedeckt. Abstand 90 mm.

Abb. 31. 5%iges Diokain; 15 Minuten Einwirkung. Auffallendes Zurücktreten der Lichtpunkte gegenüber den Lichtflecken, Überwiegen von lichtschwachen Lichtzügen und zart konturierten Schwärzungsnebeln, grosse, unregelmässig begrenzte lichtlose Felder. Die Oberfläche ist schwer deutbar, wahrscheinlich handelt es sich um zarte Runzelbildung. Abstand 135 mm.

Diese Bildergruppen zeigen, dass unter Einwirkung von Anästhetizis bei luxierten Augen die Eintrocknung einen abgekürzten und abgeänderten Verlauf nimmt, der für jedes Mittel charakteristisch zu sein scheint. Die Oberfläche der Hornhaut, die vorher sich durch ausserordentliche

[1]) Doppelnetzung findet sich auch noch in den Abb. 30, 32 33, 34, 37.

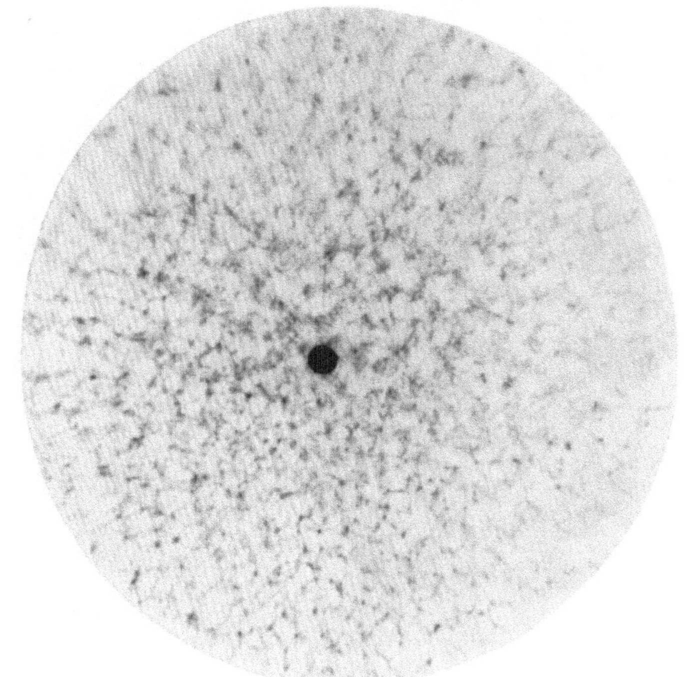

Abb. 27.

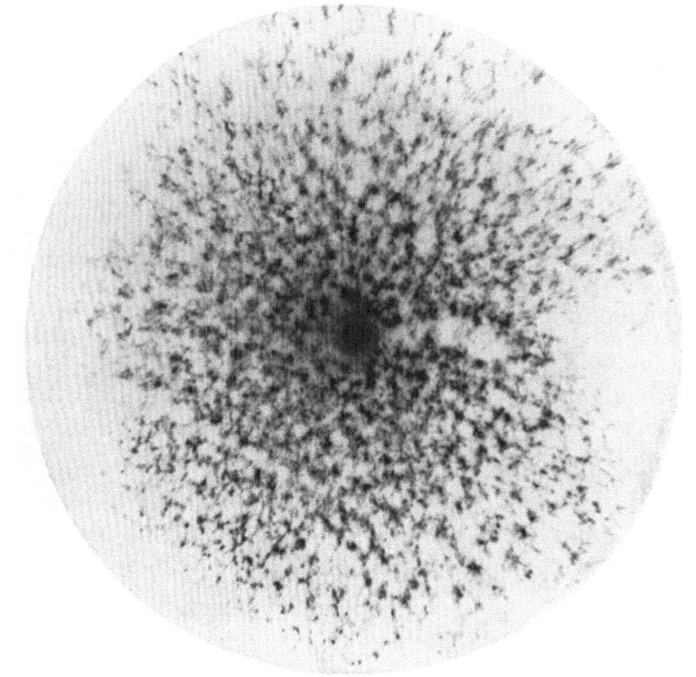

Abb. 28.

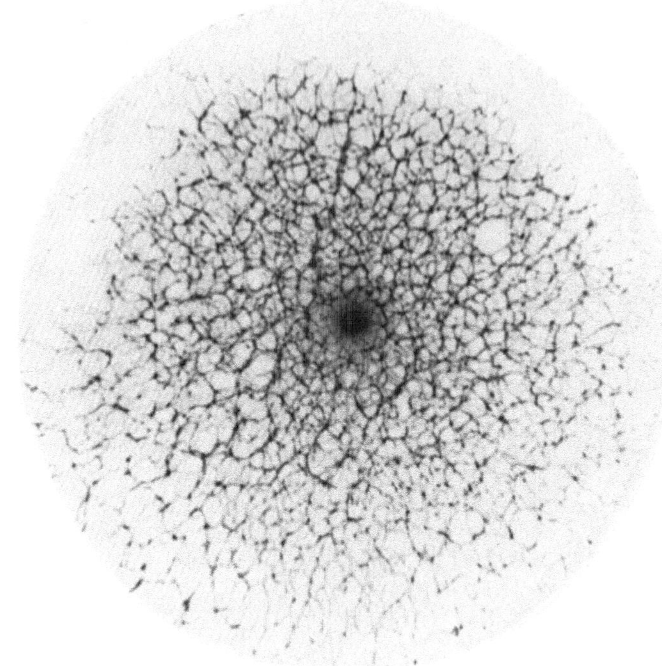

Abb. 29.

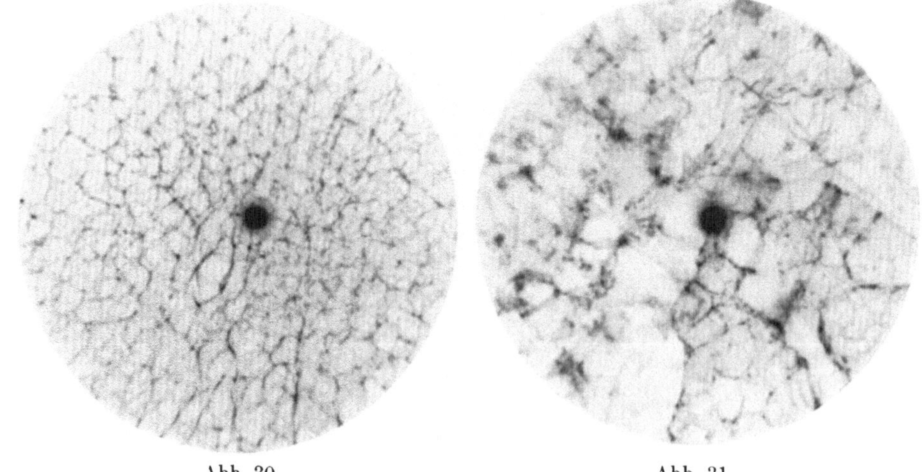

Abb. 30. Abb. 31.

Glattheit auszeichnete, wird in eine übergrosse Zahl von kleinsten Flächen differenter Art zerteilt. Man wird durch die Vielheit und Regelmässigkeit der Reflexeinzelheiten und durch die sich immer wiederholende Grundanordnung der Lichtzüge unwillkürlich auf den Gedanken gebracht, so wie das bei Abb. 12 nach Füllung der Vorderkammer mit Luft für die Wabennetzung ausgeführt wurde, dass das den Reflexformationen zugrunde liegende Oberflächenrelief anatomisch präformiert sein müsse. Eine Überschlagrechnung kann von der ungefähren Grösse der reflektierenden Flächenelemente eine Vorstellung geben. Die oberflächlichsten Zellen des Hornhautepithels sind im Mittel etwa 25 μ gross. Der Winkel, den eine Zelle vom Krümmungsmittelpunkt der Hornhautoberfläche linear erfüllt, beträgt etwa 12 Minuten. Regelmässige Oberfläche und einen Objektabstand von etwa 120 mm vorausgesetzt, bedeckten die einer Zelloberfläche angehörigen Reflexzüge, wenn man die unbekannte und doch wohl veränderliche Krümmung der einzelnen Zelloberflächen vernachlässigt, ein Areal von etwa $^1/_2$ — 1 mm. Dieser Zahlenwert würde ungefähr zu den Abständen der sich wiederholenden Reflexfiguren, Lichtpunkte, Lichtflecke, feine Netzung, passen. Ich möchte aber keineswegs die Behauptung aufstellen, dass in den Bildern, die nach Einwirkung von Anästhetizis auf die Hornhautoberfläche entstehen, in der Tat die Zelloberflächen als distinkte Elemente die den Reflexzügen zugehörigen Flächenstücke sind oder dass etwa infolge der Eintrocknung und pharmakodynamischer Beeinflussung die Zelloberflächen als voneinander abgesetzte Oberflächenstücke, etwa so wie Pflastersteine von oben her betrachtet, zur Darstellung kämen. Ich möchte lediglich darauf hinweisen, dass das Studium der Bilder immer wieder dazu anregt, die Reflexformationen auf bekannte anatomische Elemente zurückzuführen. Ob in der Tat die Zell-Oberflächen oder -Grenzen die vorgeführten Reflektogramme erzeugen, steht einstweilen noch dahin, möglich wäre es jedenfalls.

Ich habe ähnliche Bilder miteinander verglichen, es zeigte sich, dass chemisch verwandte Stoffe durchaus nicht ähnliche Bilder hervorrufen. So weist z. B. das Psikainbild kaum Ähnlichkeit mit dem Kokainbild auf. Umgekehrt finden sich Ähnlichkeiten bei chemisch nicht verwandten Stoffen.

Im einzelnen der Entstehung der Oberflächengestaltung nachzugehen, habe ich unterlassen, da die Kenntnis der Oberfläche einstweilen noch zu gering und die Möglichkeit, grosse Irrtümer zu begehen, zu gross ist.

In weiterer Folge zog ich in den Kreis der Untersuchung andere. klinisch oft verwendete Tropfmittel.

Abb. 32. 1%iges Atropin. Einwirkungszeit 15 Minuten. Die Abbildung hat eine unverkennbare Ähnlichkeit mit dem Tutokainbild. Es ist dies ein Fall, wo bei grosser chemischer Verschiedenheit grosse Ähnlichkeit der Bilder besteht. Auch hier begegnen wir wieder einer Doppelnetzung, einem lichtpunktführenden, lichtstarken und einem lichtpunktfreien, lichtschwachen Netze, welches zwischen das erste eingeschoben erscheint und durch dieses unterbrochen wird. Hier prävaliert das lichtstarke Netz. Gegenüber Abb. 29 ist die grössere Häufigkeit von elliptischen, lichtlosen Feldern hervorzuheben. Abstand 90 mm.

Abb. 33. 1%iges Skopolamin; 20 Minuten Einwirkungszeit. Auch in diesem Falle finden wir zwei Gruppen von Lichtzügen. Das eine, das durch Lichtpunkte unterbrochen wird und lichtstark ist, und das andere, lichtschwache System, das gegen das erste verschoben und unter diesem zu liegen scheint. Also wieder die Doppelnetzung. In der linken oberen Bildhälfte sind vorhangartige, vielfältige Lichtzüge sichtbar, die nach rechts zu an Intensität und Extensität abnehmen und in die Doppelnetzung übergehen. Die Oberfläche zeigte Dellung. Abstand 90 mm.

Abb. 34. 1%iges Eserin; 20 Minuten Einwirkungszeit. Ähnliche Bilder erhält man, wenn man bei einem unbeeinflussten Auge beide Lider abzieht, so dass das Auge wechselnd von brechungsdifferenten Flüssigkeitsschichten bedeckt ist, wodurch feine Niveauunterschiede sichtbar werden. Die Abbildung zeigt zentrale Schwärzung um die Blendenöffnung, welche durch falsche Kohlenstellung hervorgerufen ist. Wieder ist die Doppelnetzung zu sehen, bald ist das lichtstarke, bald das lichtschwache Netzsystem besser ausgebildet. Abstand 80 mm.

Die Abbildung spricht für eine schuppige Oberfläche, deren Niveauunterschiede an den Schuppenrändern die Lichtzüge bewirkten, so dass ein scheinbar dem Objekt ähnliches Reflexbild entsteht. Bildlich ausgedrückt kann man sagen, dass dieses Reflektogramm einer Abbildung im auffallenden Licht etwa der Betrachtung mit einem Opakilluminator gleichsieht. Gerade diese Analogie verführt immer wieder, nach dem anatomischen Substrat dieser Bilder zu suchen.

Abb. 35. 1%iges Pilokarpin; 20 Minuten Einwirkungszeit. Die Abbildung unterscheidet sich von allen anderen durch den Reichtum an langgestreckten, sich vielfach verästelnden Reflexzügen, die vorwiegend den rechten Teil des Bildes einnehmen. Im linken, besonders in der oberen Hälfte, sind zahllose Lichtpunkte mit nicht immer gut erkennbaren Lichtzügen als Ausdruck fortgeschrittener Vertrocknung vorhanden. In der unteren inneren Hälfte sind die Veränderungen genau die gleichen wie bei einer einfachen, mässig fortgeschrittenen Vertrocknung. Die langen Reflexzüge rühren von sehr kompliziert gebauten, wahrscheinlich sattelförmigen, miteinander zusammenhängenden Flächen her. Abstand 90 mm.

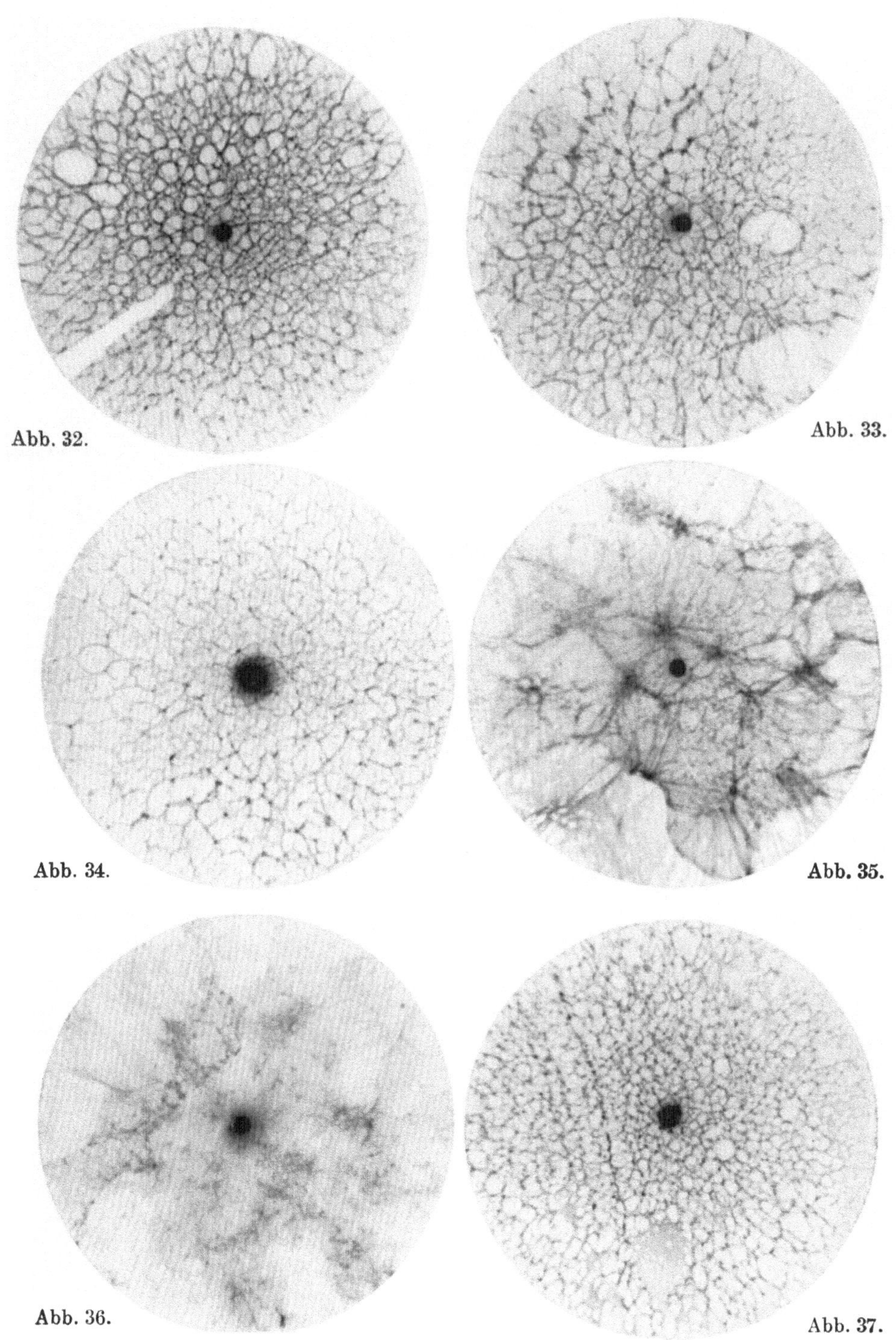

Abb. 32.

Abb. 33.

Abb. 34.

Abb. 35.

Abb. 36.

Abb. 37.

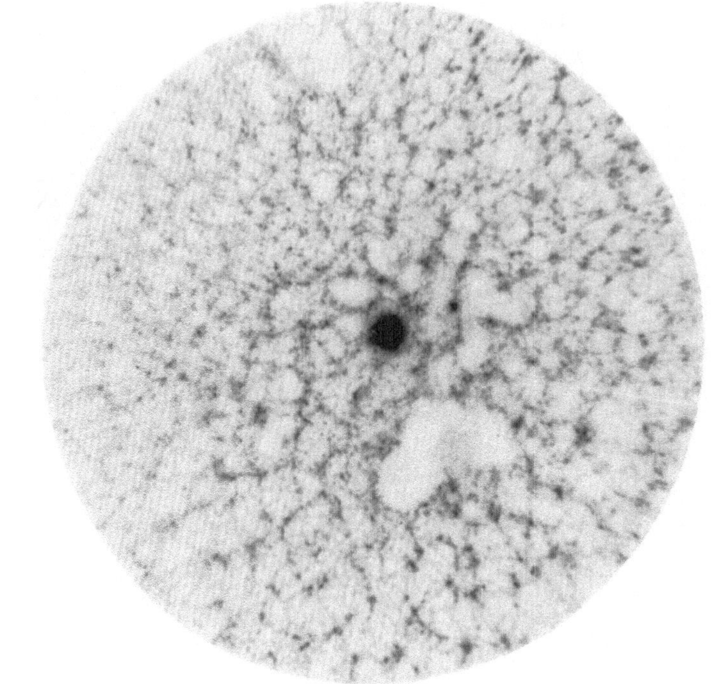

Abb. 38.

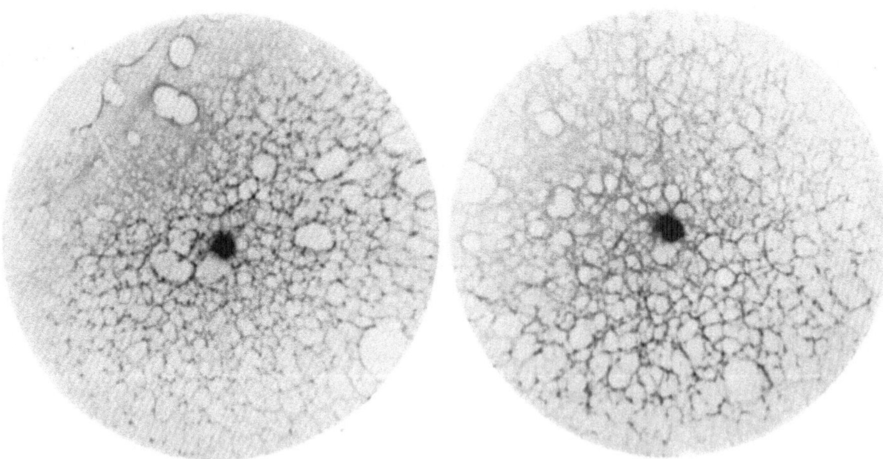

Abb. 39.

Abb. 40.

Abb. 36. 1%iges Homatropin: 20 Minuten Einwirkungszeit. Hier sind die Reflexzüge noch viel komplizierterer Natur und komplizierterer Anordnung. Dabei sind bei der üblichen Belichtungszeit die Lichtzüge sehr lichtschwach. Eine Deutung des Bildes ist mir nicht möglich. Abstand 90 mm.

Abb. 37. 3%iges Dionin: 15 Minuten Einwirkungszeit. Lichtpunkte, verbunden durch Lichtzüge, zwischen die von Lichtzug zu Lichtzug lichtschwächere Züge laufen. An manchen Stellen sind die Lichtzüge ungleich lichtstärker. An einer Stelle unten hat sich das unveränderte Bild der flüssigkeitsbedeckten Hornhautoberfläche erhalten. Ausgesprochene Doppelnetzung. Abstand 80 mm.

Abb. 38. ½%iges Optochin: 20 Minuten Einwirkungszeit. Hier prävalieren weitaus die Lichtpunkte, sie verbindende Lichtzüge sind nur andeutungsweise zu sehen. In unregelmässiger Folge liegen lichtlose Areale, umgeben von unregelmässig gestalteten Häufungszonen von Lichtpunkt und Lichtzug. Wir begegnen wieder der Reflexgruppierung von Abb. 25 und 28, sie ist gekennzeichnet durch Überwiegen von Lichtpunkten, die durch ganz zarte, lichtschwache Lichtzüge verbunden erscheinen. Lichtpunkte und Lichtzüge zeigen Häufungsstellen, die lichtlose Felder umschliessen. Abstand 95 mm.

Hatten die vorhergehenden Versuche mit Anästhetizis den Gedanken erweckt, dass die sich wiederholenden Reflexzüge den Zelloberflächen zugehören könnten, so wird durch die zuletzt vorgeführte Bilderreihe anderer Arzneimittel diese Vermutung weiter gestützt. Dieselben Grundelemente, Lichtpunkte durch Lichtzüge so miteinander verbunden, dass eine unregelmässige, polygonartige Netzung, etwa die Waben-, die Doppel- oder die Punkt-Netzung entsteht, treten immer wieder in regelmässiger Folge auf. Wenn die Zelloberflächen pflastersteinartige Anordnung hätten, dann würde immer dort, wo drei oder vier Kanten aneinanderstossen, eine grubenartige Vertiefung auftreten müssen, deren Grund eine mehr oder minder gleichmässig gestaltete Fläche mit konkaver flacher Krümmung wäre. Des genaueren ist das mögliche Relief von Zelloberflächen bei Abb. 12 beschrieben. Ein solches sich immer wiederholende Relief würde zu ähnlichen Reflexbildern, wie sie eben mitgeteilt wurden, Veranlassung geben und die Unterschiede einzelner Bilder durch einen mehr oder weniger ausgesprochenen Grad von Schwellung oder Schrumpfung, Verzerrung oder Verwerfung begründet sein können. Dass dabei auch grössere Deformierungen vorkämen, welche sich im Reflexbilde als grössere, die Gesamtanordnung der wiederkehrenden Lichtzüge störende Besonderheiten dokumentieren, ist von vornherein wahrscheinlich. Es könnte auch den tieferen Zellenschichten eine protegierende Rolle zukommen, indem sie, durch die eindringenden Tropfmittel verändert, durch Quellung oder Schrumpfung die Lage der oberflächlichsten Zellschichten mitbestimmen können. Das lässt sich aber einstweilen nur vermuten, nicht beweisen. Zu bemerken wäre, dass alle hier mitgeteilten Eigentümlichkeiten im Reflexbild nach Reposition des Bulbus nach wechselnd langer Zeit spurlos verschwinden.

In einer besonderen Versuchsreihe habe ich alle jene Lösungen, die ich in meiner Hornhautarbeit[1]) zur Berieselung der Hornhaut benützte, als Tropfmittel angewendet und gefunden, dass alle diese Lösungen ein gleiches Reflektogramm ergaben; Unterschiede wurden nur durch die Konzentration veranlasst, die zeitliche Unterschiede im Auftreten einzelner Reflexgruppen bewirkte. Ich gebe als Beispiel die Bilder von Natriumazetat wieder. In 0,5 % iger Lösung tritt die charakteristische Veränderung früher ein, etwa nach 10—15 Minuten, als in 5,0 % iger Lösung, etwa nach 20—25 Minuten.

Abb. 39. 0,5%iges Natriumazetat, 15 Minuten nach dem Tropfen aufgenommen. Ein Netzwerk von Lichtzügen, die Lichtpunkte führen, unterbrochen durch einzelne, grössere, elliptische, lichtlose Bezirke, Wabennetzung. Links oben hat sich das einfache Vertrocknungsbild ohne vorherige Benetzung erhalten. Abstand 80 mm.

Abb. 40. 5%iges Natriumazetat, 25 Minuten nach dem Tropfen aufgenommen. Der Abstand ist grösser. Dieselbe Wabennetzung wie Abb. 39, unterbrochen von grösseren elliptischen, lichtlosen Bezirken (grösserer Abstand). Links oben hat sich in einem zungenförmigen Bezirke das einfache Vertrocknungsbild erhalten. Abstand 90 mm.

Höhere Konzentration, 10 % und mehr, verzögern die Entstehung von Bildern wie 39 und 40 noch mehr, ja, schliesslich entsteht es nicht mehr und auch die einfachen Vertrocknungsbilder treten nur andeutungsweise oder gar nicht mehr auf. Nun konnte ich nachweisen, dass mit zunehmender Konzentration der Quellungsgrad des Epithels immer mehr und mehr herabgesetzt wird. Aus histologischen Untersuchungen von Go Ing Hoen[2]) und Marx[3]) z. B. ist bekannt, dass Eintrocknung bzw. Entquellung die Zellen schrumpfen und zu einer homogen erscheinenden Schicht werden lässt. Ich möchte auf Grund der Reflexbilder meinen, dass entquellend wirkende Lösungen eine Ebnung, quellungsfördernde Lösungen eine Wellung der Epitheloberfläche bewirken. Weil den verwendeten Lösungen, Zitrat, Tartrat, Phosphat, Sulfat, Azetat, Chlorid usw. eine andere Wirkung als eine Quellbarkeitsbeeinflussung nicht zukommt, erzeugen sie identische Reflektogramme.

[1]) Arch. f. Augenheilk. Bd. 98. H. 1/2. S. 41. 1927.
[2]) Nederlandsch tijdschr. v. geneesk. Jg. 69. H. 1. Nr. 14. S. 1667. 1925.
[3]) Nederlandsch tijdsch. v. genesk. Jg. 65. 1. Hälfte. Nr. 25. S. 33. 1921.

C. Klinische Untersuchungen.

Untersuchungen am Menschen haben zur Voraussetzung, dass die Versuchsanordnung das untersuchte Auge nicht schädigt. Es war daher notwendig, in vorbereitenden Versuchen die Verträglichkeit der Lichtquelle zu ermitteln, weil ja die Lichtquelle gleichzeitig als Fixierobjekt diente. Es zeigte sich, dass ein schädigender Einfluss auf das Sehvermögen durch Fixation der Lichtquelle nicht beobachtet werden konnte, wie mir Selbstversuche und Sehprüfungen vor und nach der Untersuchung mit dem Reflektographen erwiesen, lediglich eine Zunahme der Tränensekretion bei manchen empfindlichen Personen und insbesondere bei injizierten Augen liess sich feststellen [1]). Die Belichtungszeiten mussten entsprechend kurz gewählt werden, damit nicht durch Blickschwankungen verwackelte Bilder entstünden. Eine Expositionszeit von $^1/_2$—$^7/_{10}$ Sekunde reichte aus zur Herstellung von gut belichteten Bildern. In diesem Zeitintervall war die Fixation bei der überwiegenden Mehrzahl der Untersuchten stetig.

1. Das Reflexbild der normalen menschlichen Hornhaut.

Als erstes Bild sei das klinisch vollkommen gesunde Auge einer weiblichen Person von 28 Jahren abgebildet.

Abb. 41. Es finden sich oben die Schatten der Zilien des Oberlides. Nicht ganz senkrecht ziehen oben spitzwinkelige, lichtschwache, aber scharf begrenzte Schwärzungsflächen, von der ungefähren Form eines gleichschenkligen Dreieckes, durch die Bildmitte. Sie gehören ebenso wie die Lichtringe der Tränenflüssigkeit an. Die Abbildung zeigt eine radiär abnehmende, gleichmässige Schwärzung. Es ist eine fast ideal glatte Fläche, die ein solches Bild entstehen lässt. Abstand 100 mm.

Dasselbe Auge wurde im selben Abstand noch einmal aufgenommen, während ich sanft mit dem Zeigefinger der linken Hand das Oberlid abwärts über das Auge führte und dann in gleicher Weise nach oben zog. Es wurde also mit Hilfe des Oberlides über die Hornhaut eine Wischbewegung ausgeführt. Den Effekt dieser Manipulation zeigt Abb. 42. Die Hornhautoberfläche bekam netzartig angeordnete Runzeln infolge der Einwirkung des Lides, wie wir später zeigen werden, die pflaster-

[1]) In manchen Fällen war ein günstiger Einfluss der „Bestrahlung“ unverkennbar, was ja von anderer Seite schon hervorgehoben wurde; so scheint die Heilungsdauer rein oberflächlicher Prozesse durch tägliches Untersuchen mit unserer Vorrichtung, etwa 2—4 Minuten dauernd, abgekürzt werden zu können.

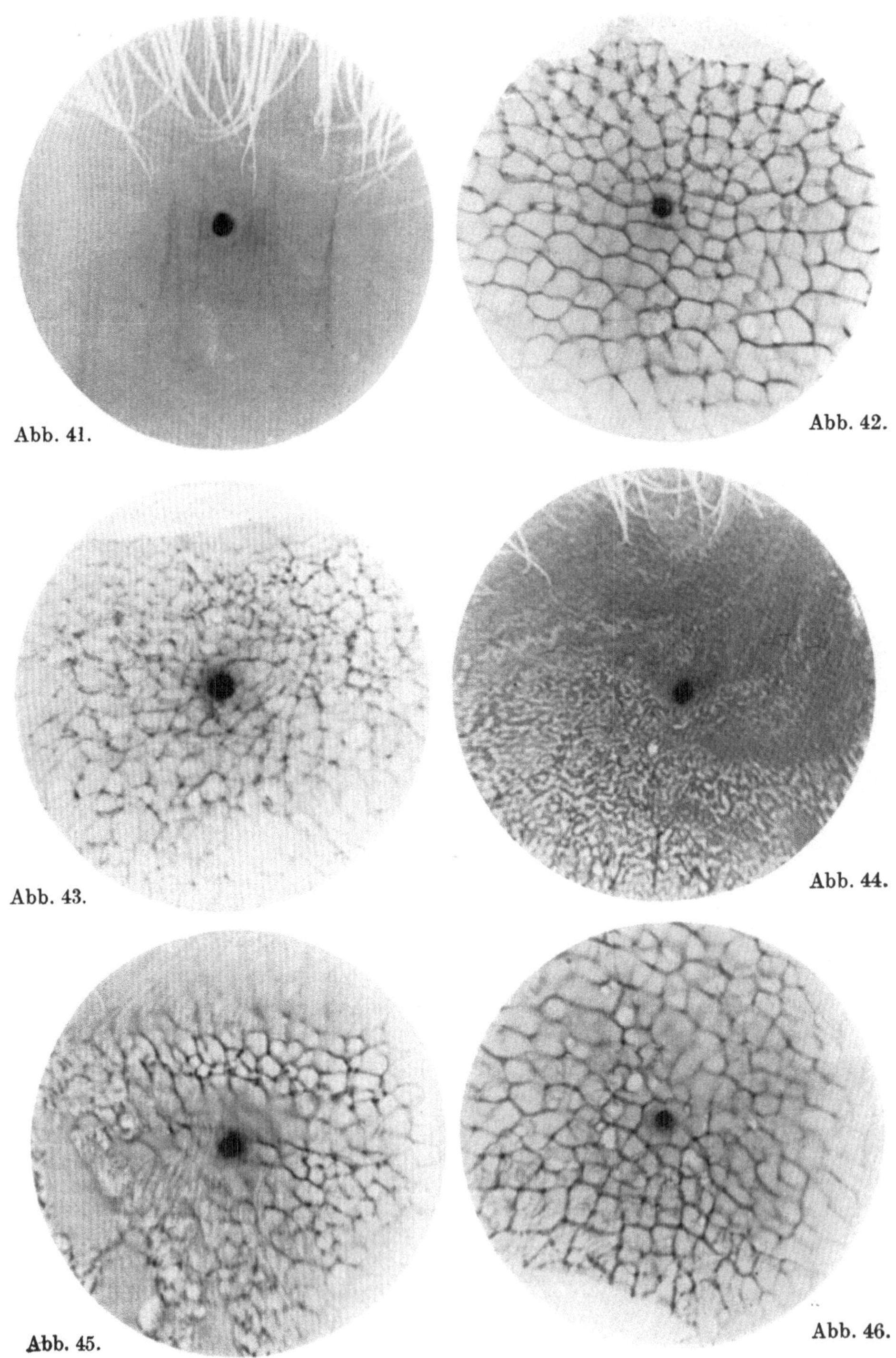
Abb. 41.
Abb. 42.
Abb. 43.
Abb. 44.
Abb. 45.
Abb. 46.

steinartig angeordnete Lichtzüge von wechselnder Helligkeit hervorriefen. Hält man das Auge geöffnet, so sieht man vor dem Schirm, wie diese Lichtzüge entstehen:

Die Tränenflüssigkeit fliesst über sie hinweg, während die Lichtzüge feststehen und sich in ihrer Intensität und Extensität verändern. Sie sind zuerst breit, weisen mehrfache, bandartige Linien auf, die wieder einfach werden und vergehen. Durch die Reflektographie kann man nur eine Phase dieser laufbildartigen Evolution und Involution festhalten.

Viele Phasen dieses Vorganges sind in Abb. 42 nebeneinander zu sehen, die von jedem einzelnen Lichtzug nacheinander durchlaufen werden.

Abb. 42. Die bogenförmig begrenzten Stellen im oberen Teile der Abbildung sind die Schatten der wischenden Finger. Die oberen Partien der Abbildung werden von bandartig verbreiterten, verdoppelten Lichtzügen eingenommen, die etwa den Höhepunkt der Erscheinung darstellen, wobei auffallend ist, dass in den mittleren Teilen die vertikalen Linien einfach bleiben. In den unteren Partien sind lichtstarke und lichtschwache, verwaschene und scharfe Lichtzüge zu sehen. In der oberen Partie sind überwiegend die vertikalen Lichtzüge verdoppelt und verbreitert, die horizontalen einfach und lichtschwach. Abstand 100 mm.

Die Richtung der Wischbewegung ist ohne Einfluss auf die Form und auf den Verlauf der pflastersteinartig angeordneten Lichtzüge. Es ist auch gleichgültig, ob man die Wischbewegung mit dem Oberlid, dem Unterlid oder mit einem anderen Gewebstück, beispielsweise mit einer abgeschnittenen Kaninchenzunge, ausführt. Dass die Erscheinung irgend etwas mit dem Relief der Lidbindehaut zu tun hat, dass sie etwa als Abklatsch der Oberflächengestaltung der Lidbindehaut zustande käme, als Negativ der Stiedaschen Rinnen derselben, ist unmöglich, da dann nur die pflastersteinartigen Lichtzüge durch Abziehen des Lides entstehen könnten, etwa wie die Vollform einer Münze durch die Hohlform des Prägstückes gebildet wird. Durch eine Wischbewegung könnte die Oberflächengestaltung der Lidbindehaut nur ganz verschwommene Figuren oder nur nach einer Richtung ausgebildete erzeugen.

Ich hatte den Eindruck, als ob die Lichtzüge bezüglich ihrer Anordnung und bezüglich Form und Grösse der Intervalle nach Alter und Geschlecht different seien. Sicherlich sind sie es bei den verschiedenen Tierarten.

Abb. 43 zeigt ein normales Kaninchenauge nach Einwirkung der Lider. Beim Kaninchen sind die pflastersteinartigen Lichtzüge schwer hervorzurufen. Die Abbildung ist lange nicht so regelmässig, wie die menschliche, aber es zeigen sich auch bandartige Verbreiterungen, Phasen des Entstehens und Vergehens, verwaschene neben scharfen, lichtstarke neben lichtschwachen Lichtzügen; Evolution und Involution aller dieser Einzelheiten genau so wie beim Menschen. Die Intervalle zwischen den Lichtzügen sind kleiner als beim Menschen. Abstand 100 mm.

Dass die Kaninchenbilder Unterschiede gegenüber den menschlichen aufweisen, dürfte auf Unterschiede des Epithels, seiner geringeren Dicke. geringeren Regelmässigkeit, vielleicht auch der Grösse einzelner Zellen und auf das Fehlen der Membrana Bowmanni beim Kaninchen zurückzuführen sein. Am regelmässigsten und am deutlichsten ausgebildet sind die pflastersteinartigen Lichtzüge beim Menschen. Die epithellose Hornhaut lässt nach Einwirkung des Oberlides diese Lichtzugformen bei Mensch und Tier vermissen.

Die Deutung der einzelnen Lichtzüge, besonders der einfachen und lichtstarken, ist folgende. Sie müssen von Flächenzügen herrühren. die senkrecht zur Richtung der Lichtzüge gekrümmt sind. Es müssen also Furchen oder Runzeln vorliegen, die, da man die einzelnen Lichtzugformen ineinander übergehen sieht, ihre Tiefe resp. ihre Krümmung verändern und je nach dem Grade der Krümmung bzw. der Tiefe die von ihnen reflektierten Strahlen in bezug auf die Schirmebene immer weniger vergent werden lassen. Die Verbreiterungen und Mehrfachbildungen sind unschwer als diffraktiver Natur als Beugungsfrangen zu erkennen bzw. als Aufeinanderfolge von Helligkeitsmaxima, wie sie eben nur Beugung bewirken kann. Als beugender „Rand" kommen nur die Furchenränder in Betracht. Dass die Lichtzüge nicht durch Tränenflüssigkeit hervorgerufen werden, sondern sicherlich der Hornhautoberfläche angehören, ergibt die Beobachtung vor dem Schirm besonders sinnfällig bei Verwendung von Salben.

Abb. 44. Das Auge eines 16jährigen Mädchens, in das 10%ige Noviformsalbe eingestrichen wurde. Die Abbildung zeigt die Verteilung der Salbenbröckel, die als weisse, unregelmässige Flecken kenntlich sind. Abstand 100 mm.

Abb. 45. Dasselbe Auge in gleichem Abstand nach Einwirkung des Oberlides. Über die pflastersteinartigen Lichtzüge ziehen von oben nach unten Züge von Salbenbröckeln, die mit den Tränen schwimmen. Abstand 100 mm.

In diesem Bilde ist eine weitere Eigentümlichkeit, die fast immer zu sehen ist, gut ausgebildet. Mit grosser Regelmässigkeit und Häufigkeit sieht man dort, wo ein Lichtzug mit einem anderen zusammentrifft, einen Lichtpunkt, in den drei bis vier, selten mehr Lichtzüge führen. die aber fast nie direkt in ihn einmünden, sondern vielmehr

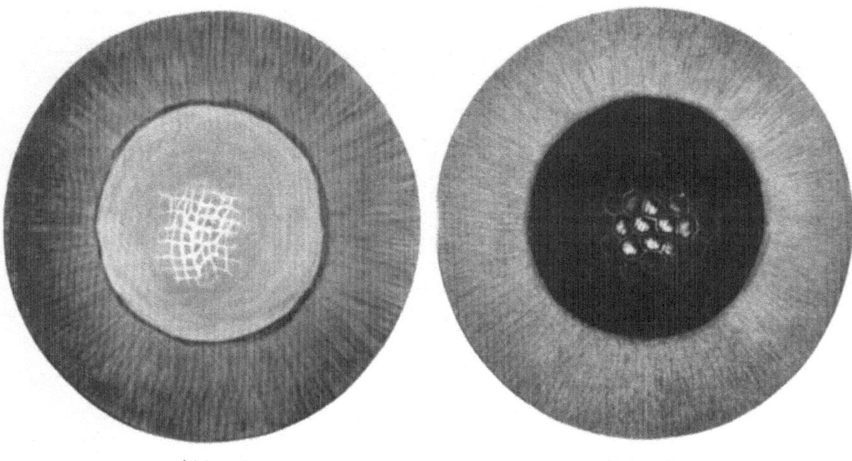

Abb. 47. Abb. 48.

um ihn herumführen. Man hat gelegentlich den Eindruck, dass der Lichtpunkt in Wirklichkeit aus einer Kombination von vielen kleinen einzelnen Lichtzügen besteht, die in Sternform angeordnet den Charakter einer Kaustik oder dergleichen haben.

Dass nach Einwirkung des Unterlides die pflastersteinartigen Lichtzüge ebenso deutlich wie nach Einwirkung des Oberlides sind — sie reichen bis an den Limbus, ebensoweit wie das Hornhautepithel[1]) — zeigt

Abb. 46. Die ringförmigen Lichtzüge, die man in diesem Bilde sieht, gehören der Tränenflüssigkeit an. Sie zeigen in ihrer unregelmässigen, oft elliptischen Form, dass sie fliessen. Sie löschen immer dort, wo sie über einen Lichtzug gleiten, diesen aus. Von der Erscheinung in Abb. 42 ist Abb. 46 wenig verschieden. Der Höhepunkt der Erscheinung ist in dieser Abbildung bereits überschritten, die Lichtzüge sind nicht mehr bandartig verbreitert, manche schon im Vergehen. Von oben nach unten nehmen In- und Extensität der Erscheinung zu. Abstand 125 mm.

Die Flächen zwischen den Furchen oder Runzeln, die die pflastersteinartigen Lichtzüge verursachen, dürften krummflächig sein. Die Grösse der Intervalle zwischen den Lichtzügen lässt vermuten, dass die Distanz zwischen den einzelnen Furchen nicht sehr klein sei. Deshalb versuchte ich mit Hilfe anderer Methoden, solche Furchen aufzufinden.

[1]) Abb. 41, 42, 46 stammen vom gleichen Auge, wie die drei Abbildungen, die meinem Heidelberger Vortrag, Heidelberger Kongress 1927, beigegeben sind. Im dritten dieser Bilder sieht man den Limbus deutlich.

Schon bei der Durchleuchtung mit dem Lupenspiegel, besonders schön bei Verwendung einer 20 Diop.-Linse, zeigen sich diese Furchen deutlich, nur vergehen sie so rasch, dass man sie zwar sieht, aber keine Einzelheiten festzustellen vermag.

Abb. 47 zeigt eine schematische Darstellung der Erscheinung mit dem Lupenspiegel betrachtet.

Abb. 48. Eine ebenso schematische Wiedergabe der Erscheinung bei der Betrachtung mit dem Hornhautmikroskop. Okular 10, Objektiv 4.

In beiden Zeichnungen sind die Grössenverhältnisse absichtlich übertrieben. Die Auffindung der Furchen gelingt am leichtesten, wenn man zuerst auf das Lampenbildchen — Gullstrandscher Bogen — einstellt, und dann mit dem Oberlid über das Auge wischt, wobei man das Lampenbildchen in viele kleine zerfallen sieht. Stellt man dann auf die Hornhautoberfläche ein, so gelingt es unschwer, die Erscheinung in der Art, wie sie schematisch dargestellt ist, zu sehen. Messungen mit Hilfe von Messokularen ergeben eine Grösse der Intervalle von Furche zu Furche von etwa 30—100 μ. Mit der Spaltlampe ist die Erscheinung am schlechtesten zu sehen.

Eine Furchenbildung nach Einwirkung des Oberlides ist 1901 von Hirschberg[1]) beschrieben worden, es handelt sich wohl um das gleiche Phänomen, wie bei uns. Ähnliches scheinen auch Vogt[2]) und sein Schüler Stachli[3]) beobachtet zu haben, die an der Spaltlampe eine Felderung im vorderen Spiegelbezirk sahen, in der Staehli bei Azolampenbeleuchtung die Epithelgrenzen vermutete. Ich möchte glauben, dass Esser[4]) im entoptischen Bilde, die Erscheinung gesehen und auch erkannt hat, dass sie nicht der Tränenflüssigkeit angehört, sondern in der Hornhaut entsteht, er hat es aber unentschieden gelassen, ob sie an der Hornhautoberfläche oder im Parenchym zustande kommt. Am besten stimmt mit der von uns beobachteten Erscheinung überein die Schilderung von Helmholz[5]), welcher ausdrücklich freibleibende Stellen im entoptischen Hornhautspektrum erwähnt, wo das Epithel andere Konsistenz habe, wohl in Anlehnung an Listing[6]) und Young[7]).

[1]) Einführung in die Allgem. Augenheilk. 2. Hälfte. S. 96. Thieme, Leipzig.

[2]) Vogts Atlas, Mikroskopie des lebenden Auges. Springer 1921. S. 19.

[3]) Klin. Monatsbl. f. Augenheilk. Bd. 57. S. 689. 1915.

[4]) Klin. Monatsbl. f. Augenheilk. Bd. 76. S. 380. 1926.

[5]) Physiol. Optik. Bd. 1.

[6]) Listing, Beiträge zur physiol. Optik in „Göttinger Studien" 1845.

[7]) Joung, A course of lectures on Natural Philosophy an the Mechanical Arts, Vol. II. pag. 581. 1807.

Irgendwelche Bedeutung hat niemand dieser Erscheinung beigelegt. Ich glaube aber, zeigen zu können, dass das Studium der Erscheinung für die Kenntnis pathologischer Veränderung der Hornhautoberfläche von Wert ist. Das Reflexbild nach Einwirkung der Lider soll im folgenden als Furchenbild bezeichnet werden[1]).

2. Das Reflexbild der krankhaft veränderten Hornhaut.

Ist es schwierig in einem Bilde besonders bei ringförmigen Lichtzügen festzustellen, ob die Lichtzüge der Hornhautoberfläche oder der Tränenflüssigkeit angehören, so zeigt nach Einwirkung des Oberlides eine zweite Aufnahme, dass die beweglichen Elemente der Tränenflüssigkeit ihren Ort verändert haben, Veränderungen der Hornhautoberfläche ortsgebunden bleiben. Dabei ereignet es sich nicht selten, dass Reflexe auftreten, die durch ihre Gruppierung dartun, dass eine vorher nicht gesehene Veränderung der Hornhautoberfläche vorliegt.

Abb. 49 zeigt ein Auge, das temporalwärts eine kleine, unregelmässig begrenzte Fazette aufwies. Der Mann gab an, dass ihm vor sehr langer Zeit, ungefähr vor 20 Jahren, ein Fremdkörper von der Hornhaut entfernt wurde. Im Reflexbild ist ausser zahlreichen, verschieden grossen und verschieden konturierten Lichtringen, von denen man nicht bestimmen kann (im Bild, nicht vor dem Schirm), ob sie der Tränenflüssigkeit oder der Hornhautoberfläche angehören, nichts zu sehen. Die Fazette verrät sich in keiner Weise. Abstand 120 mm.

Dasselbe Auge nach Einwirkung des Oberlides bringt

Abb. 50. Jetzt erkennt man ohne weiteres, dass alle ringförmigen Lichtzüge der Tränenflüssigkeit angehörten, denn sie haben ihren Ort verändert, und man sieht sehr gut die Umgestaltung des Furchenbildes durch die Fazette. Im unteren Teil des Bildes sind sehr schön ausgebildete Tränenschlieren zu sehen. Alle Ringlichtzüge verraten ferner ihre Zugehörigkeit zu den Tränen durch Form und Kontur. Man sieht ihnen die Bewegung an. Abstand 120 mm.

Diese Abbildung lässt erkennen, dass die Aufnahme ohne Einwirkung des Oberlides vorgenommen, die Oberflächengestaltung gelegentlich nicht anzeigen kann, weil sie von der Tränenschicht zugedeckt (relativer Brechungsquotient) wird oder Differenzen erst im Furchenbilde merklich werden. Nach Einwirkung des Oberlides werden diese sichtbar und veränderte Areale als ausgesparte Stellen manifest.

[1]) Die pflastersteinartigen, netzförmig angeordneten Lichtzüge, die nach Einwirkung der Lider entstehen und als Furchenbild bezeichnet werden, finden sich noch in den Abb. 52, 55, 57, 60, 64, 68, 70, 73, 75, 80, 92, 95, 98, 106, 109, 112.

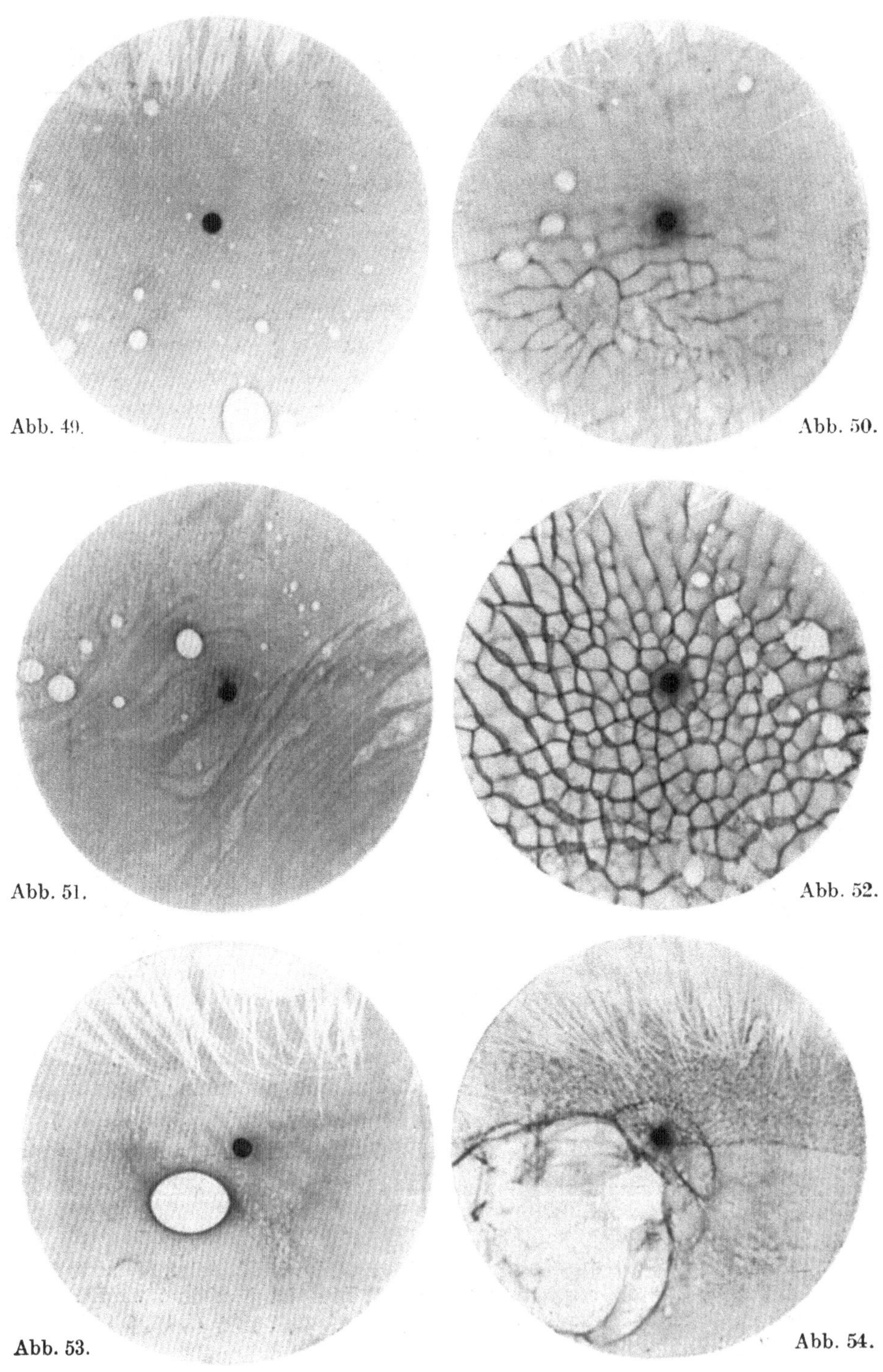

Abb. 49.

Abb. 50.

Abb. 51.

Abb. 52.

Abb. 53.

Abb. 54.

Abb. 51 bringt die Hornhaut eines Mannes, der bei einer tuberkulösen Iridozyklitis feinste, perlschnurartig angeordnete, sehr flüchtige Bläscheneruptionen in der nasalen Hälfte der Hornhaut aufwies, wie sie Bergmeister beschrieben hat. Das Reflexbild zeigt die mit stark verunreinigter Tränenflüssigkeit bedeckte Hornhaut, in welchem grössere und kleinere, ringförmige Lichtzüge zu sehen sind, die in der nasalen Hälfte des Bildes wohl auch perlschnurartig angeordnet erscheinen, aber von den temporal gelegenen, viel grösseren, sonst gar nicht zu unterscheiden sind. In dieser Abbildung ist eine Netzung zu erkennen, welche aus Lichtpunkten, die durch zarte, lichtschwache Lichtzüge verbunden erscheint, besteht. Eine solche Netzung soll in folgendem als Punktnetzung ohne Felderung[1]) bezeichnet werden. Abstand 105 mm.

Abb. 52 deckt als Furchenbild die Bläschen als Aussparung in ihrer wahren Grösse, Form und Anordnung auf und zeigt, dass viel mehr vorhanden sind, als in der vorhergehenden Abbildung. Am unteren Bildende liegt eine ziemlich grosse Aussparung von elliptischer Form, deren Existenz Abb. 51 in keiner Weise verrät. Die temporalen Bläschen sind als der Tränenflüssigkeit angehörig verschwunden. Abstand 105 mm.

Hier wäre noch ein Wort über einige Eigentümlichkeiten der Tränen zu sagen. Neben grösseren Partikelchen, die Ringlichtzüge liefern, enthalten die Tränen eine Unzahl kleinerer, die oft in fischzugartigen Haufen erscheinen. Um diese sieht man auf dem Schirm gelegentlich farbige Ringe, die als Interferenzringe anzusprechen sind. Ich glaube, dass diese Farben auch entoptisch wahrgenommen werden und die Ursache der bekannten Verwechslung mit den Farbenringen der Glaukomkranken sind. Bei Glaukomen, die im Augenblick der Beobachtung vor dem Schirm Farbenringsehen angaben, habe ich nichts Ähnliches sehen können, sondern nur bei Personen mit Konjunktivitiden und schleimführenden Tränen. Es liegt mir ferne, die Eigentümlichkeit der Farbenringe um Reflexzüge[2]) von Tränenpartikelchen als differentialdiagnostisches Merkmal aufzustellen, es ist aber der Beachtung wert. Dass die Tränen kein zu vernachlässigender Faktor sind, lässt die folgende Abbildung erkennen.

Abb. 53. Aufgenommen bei stark gereiztem Auge nach Salbenapplikation. Es handelte sich um ein tiefliegendes Infiltrat, welches in einer Narbe nach Keratitis disciformis aufgetreten war. Man sieht eine eirunde, schwärzungsfreie Fläche, von Salbenbröckel umgeben, die von einem ringförmigen, lichtstarken Lichtzug eingeschlossen ist. Unterhalb dieses Gebietes liegt ein relativ wenig geschwärztes Areal, aus welchem ein schwacher Lichtzug von Peitschenschnurform hervorragt. Abstand 110 mm.

[1]) Punktnetzung ohne Felderung findet sich ferner in den Abb. 56, 57, 58, 78, 82, 91, 94, 97, 100, 101, 107, 108, 110.

[2]) Siehe auch Metzger l. c., der das Farbenschillern des Hornhautreflexbildchens als Begleitsymptom der Hornerschen Trias ansieht.

Abb. 54. Dasselbe Auge am nächsten Tage. Klinisch war nur die Tränensekretion viel geringer, sonst hatte sich nichts verändert. Diesmal zeigt das Reflexbild den ganzen Herd. In der oberen Hälfte des Bildes, mit scharfer Trennungslinie nach unten begrenzt, findet sich eine feine Netzung von Lichtpunkten, die auch Fleckgrösse erreichen, verbunden durch verwaschene Lichtzüge. Angedeutet findet sich die Netzung auch im unteren Teil des Bildes, aber durch die Tränenschicht verwischt. Abstand 120 mm.

Diese Netzung entsteht ohne Kunsthilfe, vergeht aber genau so rasch, wie das Furchenbild. Beim spontanen Offenhalten der Augen kommt sie gelegentlich zur Beobachtung. Es ist mir noch nicht gelungen, die Bedingungen zu ermitteln, durch welche diese Erscheinung immer wieder zu erzeugen wäre. Ich glaube aber, dass es gelingen muss, sie in jedem Falle, ebenso wie das Furchenbild, zur Darstellung zu bringen. Wir werden ihr noch in zahlreichen Bildern begegnen. Diese feine Netzung ähnelt ausserordentlich der in den Abb. 39 und 40 oben links. Wir wollen sie der Wabennetzung zuordnen und ausdrücklich hervorheben, dass zwischen der Waben- und der Punkt-Netzung alle möglichen Übergänge vorkommen, ferner, dass sie oft bei ein und dem selben Auge nacheinander auftreten. Nach Form, Grösse und Anordnung könnten sie durchaus den Zell-Oberflächen bzw. -Grenzen angehören. Aber sie könnten auch in der Tränenschicht, wiewohl kein weiterer Umstand darauf hinweist, entstehen, wofür c. p. spricht, dass die Erscheinung so scharf begrenzt aufhört, etwa so weit reicht, wie der obere Spiegel der Tränenschicht (S. 22), dagegen spricht aber, dass sie auch jenseits der Trennungslinie weit unten noch angedeutet erscheint. Jedenfalls liegt wieder ein der weiteren Klärung bedürftiger Fall solcher Reflexformationen vor, die mit bekannten anatomischen Strukturen in Beziehung zu bringen, nahe liegt. Unbedingt aber müsste man, um Berechnungen anzustellen, z. B. die Krümmungsradien der Zelloberflächen kennen, von denen uns einstweilen jede Kenntnis abgeht.

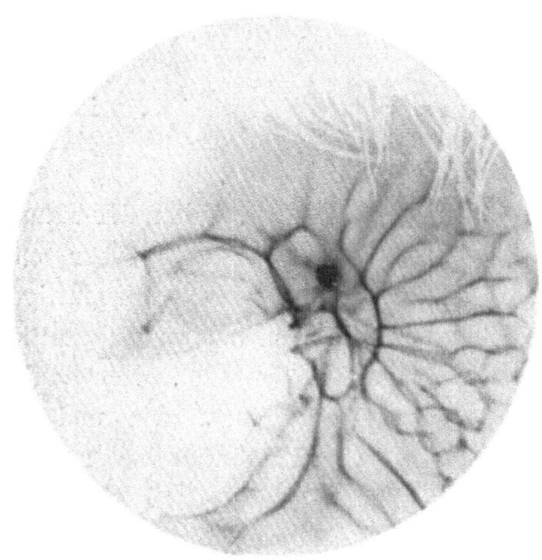

Abb. 55.

Abb. 55. Dasselbe Auge nach Einwirkung des Oberlides. Man sieht vor allem in der rechten Hälfte der Abbildung die pflastersteinartigen Lichtzüge, die den Herd freilassen. Abstand 120 mm.

Die nächste Abbildungsreihe bringt Reflexbilder von Erosionen verschiedener Art zur Darstellung.

Abb. 56 zeigt eine Erosion gerade in der Mitte der Abbildung. An der Spaltlampe bot die Erosion das Bild eines strichförmigen Defektes mit haarscharfen Rändern. Unterhalb der Erosion befindet sich ein Ringlichtzug, der den Tränen zugehört. Abstand 100 mm.

Abb. 57. Die Erosion nach Einwirkung des Oberlides. Ausser der erodierten Stelle und den Furchenreflexen sind in dieser Abbildung — in der vorhergehenden andeutungsweise — eine Fülle von regelmässig verteilten Lichtpunkten zu sehen, die, ihre regelmässige Lage in allen Teilen des Bildes beibehaltend, wohl nicht den Tränen angehören können, zumal sie an Stellen fehlen, wo Tränenschlieren liegen. Abstand 100 mm.

Ich stehe nicht an, diese Erscheinung mit der in Abb. 54 zu identifizieren, die Unterschiede zwischen beiden durch Abstufungen im Brechungsindex der Tränen und des Epithels zu erklären, Punktnetzung ohne Felderung. Ausserdem mögen Alteration der Zellen auch weitab der erodierten Stelle infolge der Erosion und der folgenden Zellneubildung, Veränderung der Form und Krümmung ihrer Oberflächen das ihre dazu beitragen, die Erscheinung variieren zu lassen.

Eine flächenhafte Erosion und ihre Veränderungen im Laufe von 3 Tagen führen die nächsten Abbildungen vor.

Abb. 58. Der grosse Defekt nimmt fast zwei Drittel der Abbildung ein. Die plaqueartigen Ringbildungen, innerhalb der bogenförmigen, verdoppelten und lichtstarker Lichtzüge gehören ebenso, wie der links gelegene, doppelt konturierte Ring der Tränenflüssigkeit an, welche die erodierte Stelle bedeckt. Auch in dieser Abbildung ist jene Fülle regelmässig verteilter Lichtpunkte zu sehen, Punktnetzung ohne Felderung, die Abb. 57 erkennen lässt. Die Lichtpunkte haben hier mehr den Charakter von Lichtflecken von Stäbchenform, die oft fast parallel liegen. Sie finden sich interessanterweise auch im erodierten Gebiet. Sie fehlen nur an den lichtlosen Partien. Das spricht durchaus nicht gegen die Annahme, dass die Punktnutzung dem Epithel zugehöre. Denn es könnten auch im erodierten Gebiete noch oder schon wieder Zellen die Bowmannsche Membran bedecken. Abstand 120 mm.

Abb. 59. Dasselbe Auge am nächsten Tage. Als Erosion ist ein ungleich kleineres, fingerförmiges Gebilde zu erkennen, in dessen Nachbarschaft in ungefähr derselben Grösse, wie die Veränderungen der vorangehenden Abbildung, Unebenheiten kenntlich sind. Die Punktnetzung fehlt. Abstand 110 mm.

Abb. 60. Dasselbe Auge zur selben Zeit wie Abb. 59 nach Einwirkung des Oberlides. Man sieht den fingerförmigen Bezirk von den Furchenlichtzügen ausgespart. In seiner Umgebung sind die Furchenlichtzüge anders angeordnet als sonst, wohl als Ausdruck der Zellneubildung. Abstand 110 mm.

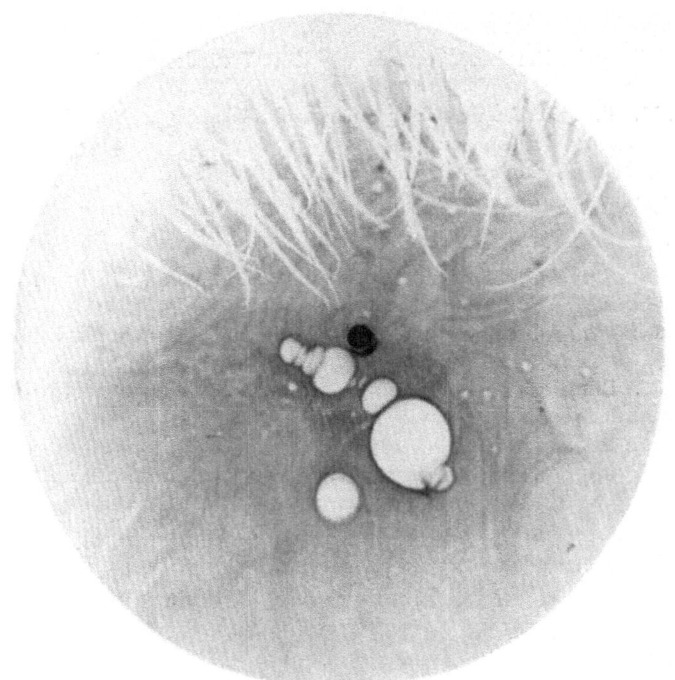

Abb. 56.

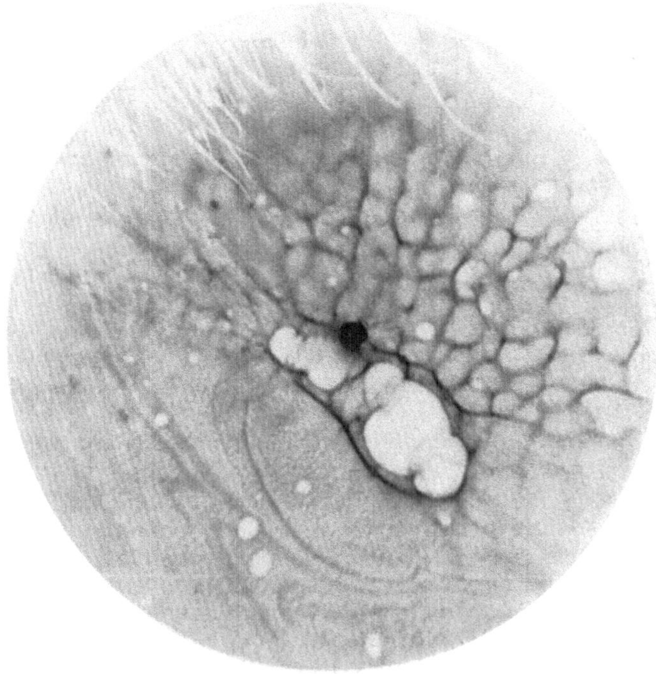

Abb. 57.

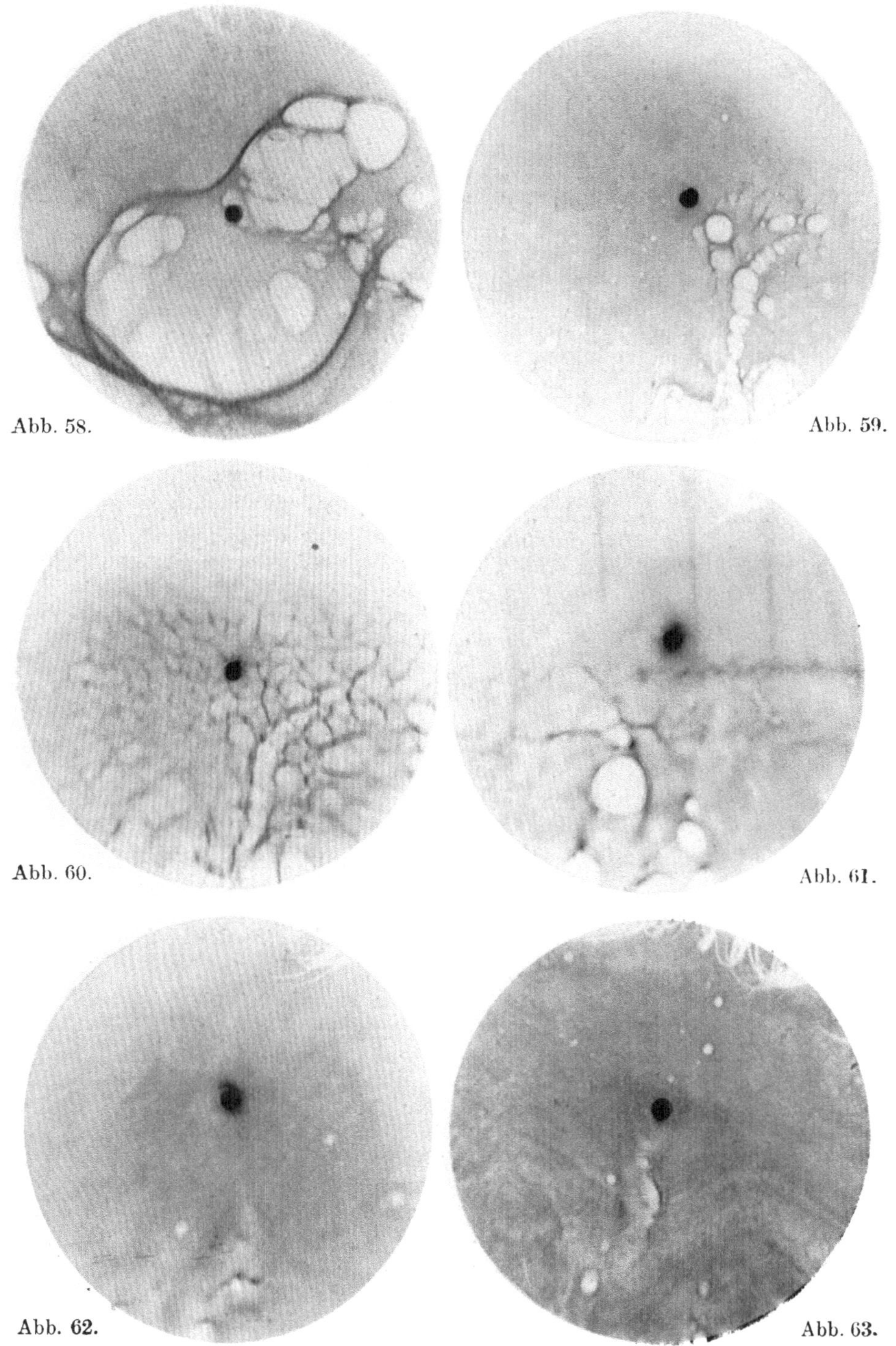

Abb. 58.

Abb. 59.

Abb. 60.

Abb. 61.

Abb. 62.

Abb. 63.

Die nächste Abbildungsfolge zeigt wiederum eine Erosion. Es war ein sehr viel kleinerer Defekt, als im vorhergehenden Fall.

Abb. 61. Das Auge war stark gereizt, daher die fünf vorhangartigen, dreieckigen Wasserlichtzüge. Die Erosion dokumentiert sich im unteren Teil in einigen Ringlichtzügen, die sehr auffallend lichtstarke Lichtzüge aufweisen, die von lichtschwachen Ringen begleitet sind, Beugung. Die sonstige Hornhautoberfläche ist gekennzeichnet durch Aufhellungszonen und dichtere Schwärzungen mit ganz verwaschenen Grenzen. Infolge der sehr starken Tränensekretion war es nicht möglich, ein Bild nach Einwirkung des Oberlides zu erhalten. Abstand 135 mm.

Abb. 62 zeigt dasselbe Auge 8 Tage später. Klinisch vollkommene Heilung. Der Ort der Erosion tut sich kund in einem gekrümmten, gering geschwärzten Gebilde in einer aufgehellten Zone. Undeutlich verraten sich Unebenheiten in kleineren, hellen Bezirken. Abstand 120 mm.

Abb. 63. 10 Tage nach Abb. 62 aufgenommen. Die Blickrichtung ist etwas gehoben. Man sieht knapp unterhalb der Bildmitte einen flaschenförmigen Lichtzug, der sich ganz verschwommen nach unten fortsetzt und allmählich in der diffusen Schwärzung untergeht. Reichliche Tränenschlieren liegen in den unteren Bildabschnitten, während in den oberen eine verwaschene, unregelmässige Netzung angedeutet erscheint. Abstand 120 mm. Nach Einwirkung des Oberlides entstand

Abb. 64. Man sieht eine fingerförmige Aussparung in einem annähernd rechteckigen Gebiete im unteren Teil des Bildes. Abstand 120 mm.

Nach abgeheilten Erosionen sieht man zu einer Zeit, in der klinisch von der Erosion nichts mehr zu sehen ist, im Reflexbild gewisse Unebenheiten, die nach Einwirkung des Oberlides im Furchenbilde als Aussparungen in aller Deutlichkeit hervortreten. Noch deutlicher wird dieses Verhalten im nächsten Falle.

Es handelt sich um eine rezidivierende Erosion bei einem 20jährigen Mädchen, welches zur Klinik kam mit der Angabe, dass sie einige Zeit vorher mit heftigen Schmerzen erwacht sei, die Schmerzen hätten zwei Tage gedauert. Solche Zufälle ereigneten sich grundlos öfters im Jahr. Das Mädchen hatte eine geringe Myopie, war sonst ohne klinischen Befund.

Abb. 65. Eine eigenartige, ringförmige Aufhellungszone, innerhalb der wellige, teils lichtstarke, teils lichtschwache Lichtzüge sichtbar werden. Ausserhalb des Herdes, fast im ganzen Bild, ist wiederum ein feines Netzsystem sichtbar. Abstand 120 mm.

Abb. 66 zeigt die Aufnahme am nächsten Tage. Auffallend ist die geringe Schwärzung des Bildes, vor allem im linken Teil des Bildes, im rechten kann sie durch einen Aufnahmefehler bedingt sein, da sich neben dem Loch ein Schwärzungsmond findet, der erkennen lässt, dass der rechte Blendenrand

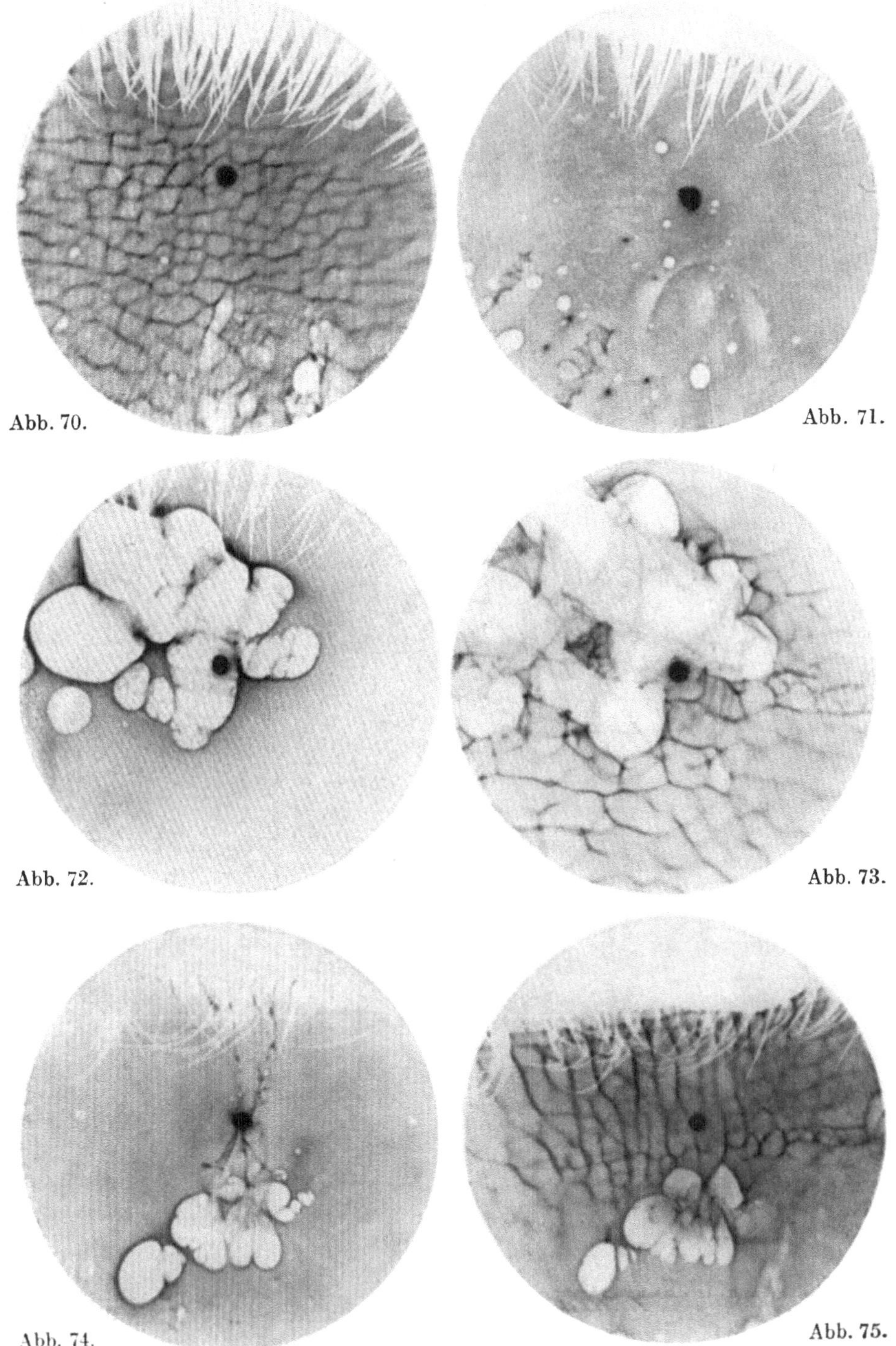

Abb. 70.

Abb. 71.

Abb. 72.

Abb. 73.

Abb. 74.

Abb. 75.

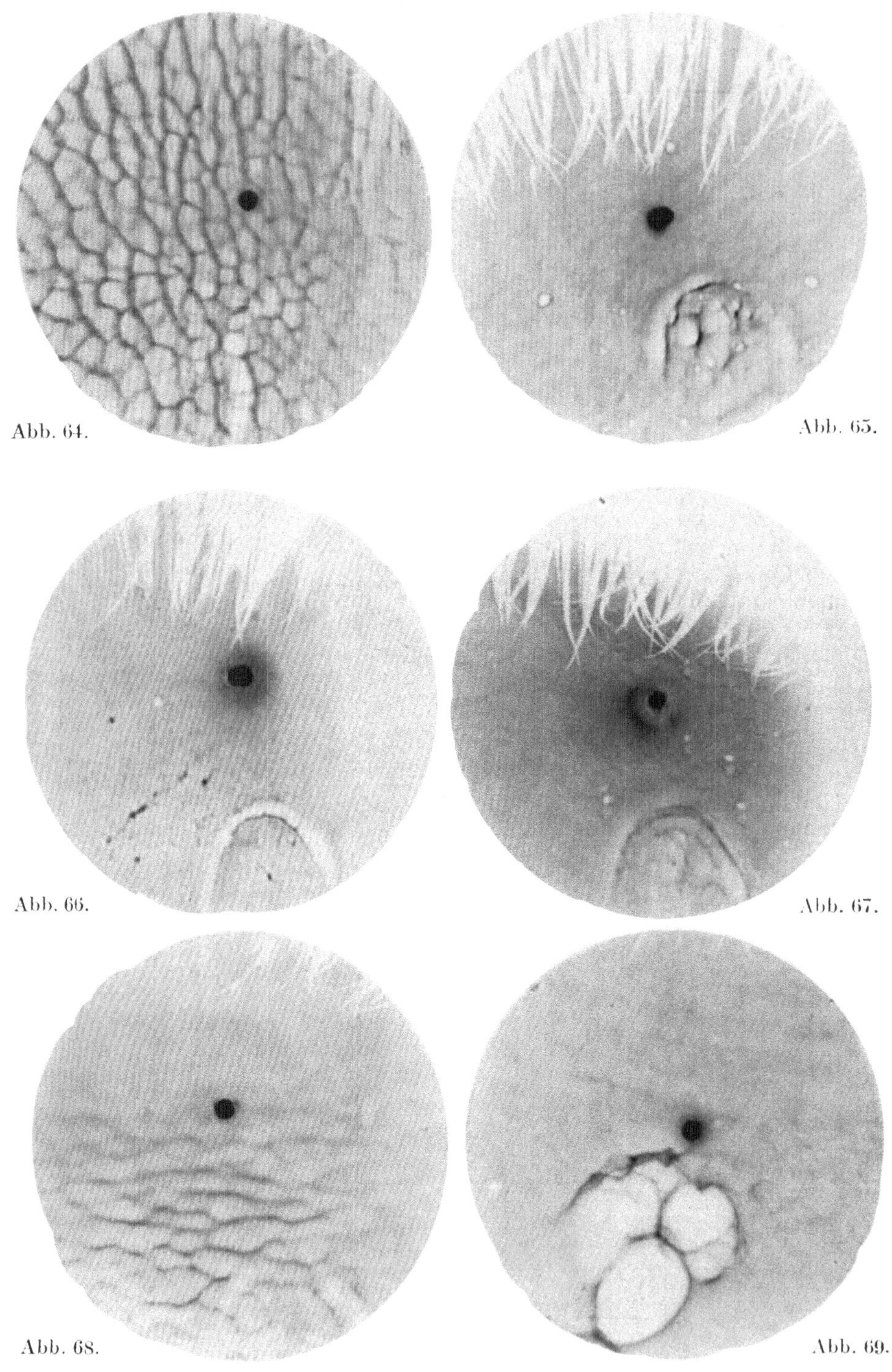

Abb. 64. Abb. 65.

Abb. 66. Abb. 67.

Abb. 68. Abb. 69.

die Strahlen von rechts her einengte. Dies trifft aber für die linke Seite nicht zu. Das Reflexionsvermögen war an diesem Tage geringer als an den vorhergehenden, eine Eigentümlichkeit, auf die Wessely, wie Seite 16 erwähnt, vor kurzen hinwies. Auf diesem Bilde ist ein dünneres, feines Netzsystem zu sehen. Die links liegenden, eigenartigen Lichtzüge gehören der Tränenflüssigkeit an. Deutliche Wabennetzung auch in der Herdstelle. Abstand 120 mm.

Abb. 67. Die Aufnahme vom übernächsten Tage. Die Begrenzung der Herdstelle erscheint diesmal geschwärzt, in Abb. 66 lichtlos. Eine Netzung ist kaum zu unterscheiden. Die diffuse Schwärzung ist viel stärker als in Abb. 66. Abstand 120 mm.

Abb. 68 ist $^1/_2$ Jahr später aufgenommen. Man sieht in diesem Furchenbild die ringförmige Aufhellungszone erhalten. Das Auge sah etwas nach unten. Zufälligerweise ist dieses Bild wieder auffallend flau. Abstand 110 m.

14 Tage später kam das Mädchen mit einer Erosion, die spontan beim Aufwachen entstanden war.

Abb. 69 bringt die Erosion. Ausgesprochene Wabennetzung ausserhalb der erodierten Zone. Abstand 115 mm.

8 Tage später, das Mädchen war klinisch gesund, zeigte sich im Furchenbild

Abb. 70 der Herd fast vom selben Umfang und am gleichen Ort, wie in der ersten Abbildung. Wieder Wabennetzung sichtbar. Abstand 110 mm.

Abb. 71, $^1/_4$ Jahr nach dem letzten Rezidiv. Die hufeisenförmige Aufhellungszone ist ohne weiteres zu erkennen, sie ist von annähernd derselben Beschaffenheit, wie im ersten Bilde des Falles (Abb. 65). Die Wabennetzung ist wieder zu sehen. Die Ringlichtzüge gehören den Tränen an, ebenso wie die links gelegenen, vorhangartigen Lichtzüge. Abstand 120 mm.

Nun folgen die Abbildungen anderer Veränderungen. Der nächste Fall ist eine typische Keratitis dendritica von der scheinbaren Grösse von $^1/_4$ mm.

Abb. 72 zeigt die Oberflächenveränderung. Der Herd hat eine Efeublattform. Seine Entstehung aus konfluierenden Bläschen ist aus dieser Form erkennbar. Links unten sind solche Bläschen als Ringlichtzüge zu sehen. Im Herd, in einem inselartigen Bezirke scheint das Epithel erhalten zu sein. Zu diesem Epithelrest ziehen verwaschene Lichtzüge, die in Lichtfleckstrassen übergehen und rippenartige Ausläufer tragen. Der Herd ist scharf abgesetzt, seine Umgebung glatt. Abstand 120 mm.

Abb. 73, das zugehörige Furchenbild. Die Furchenlichtzüge reichen gerade bis zum Herd. In ihm sind den Tränen angehörige lichtschwache, schleierähnliche Lichtzüge zu sehen, die rechts von der Bohrung über die Furchenlichtzüge reichen. Abstand 120 mm.

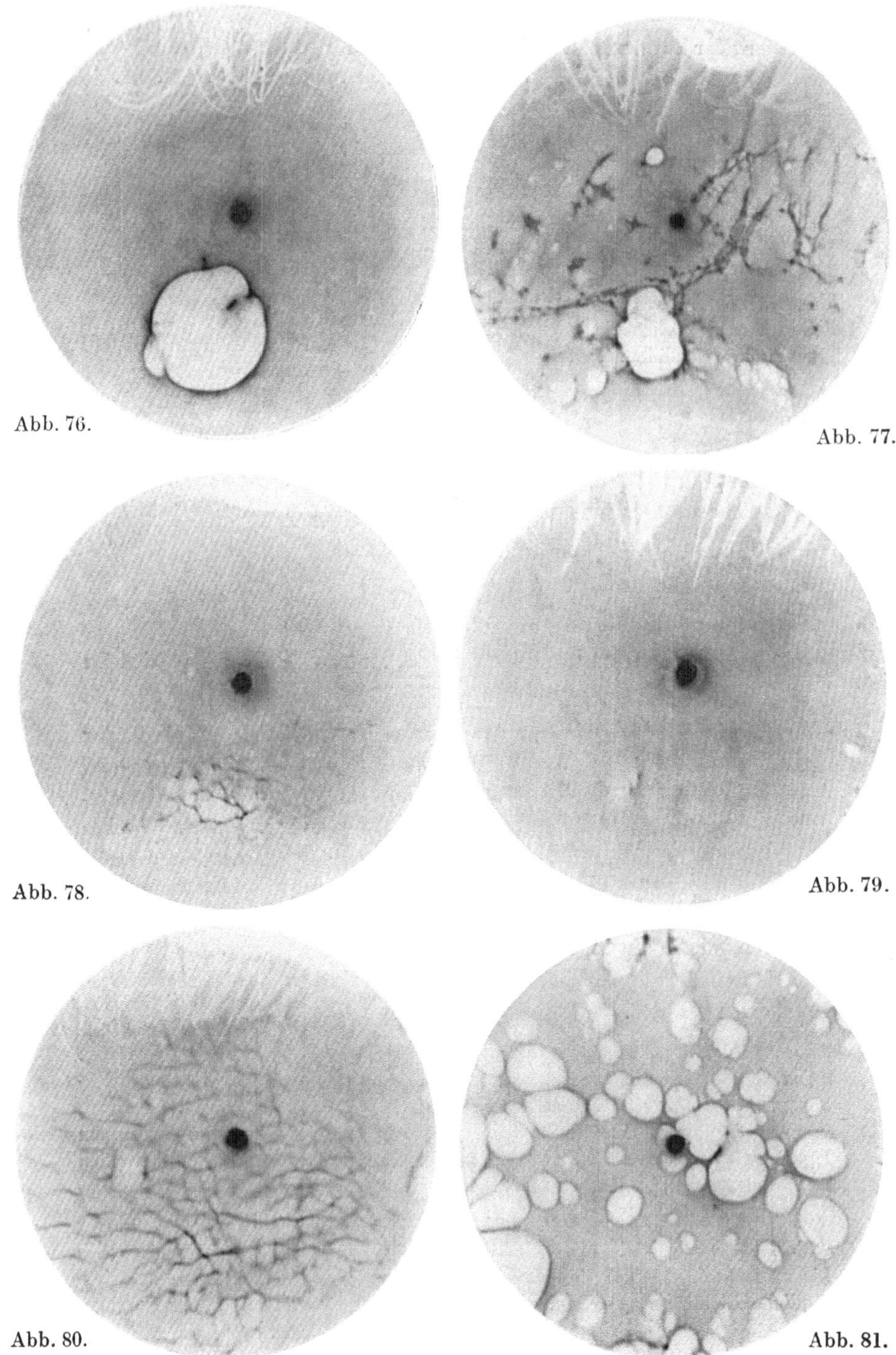

Abb. 76.

Abb. 77.

Abb. 78.

Abb. 79.

Abb. 80.

Abb. 81.

In der nächsten Bildfolge handelt es sich um eine Keratitis dendritica, die nach einer Fremdkörperverletzung entstanden sein soll. Der Mann kam 8 Tage nach der angeblichen Verletzung in unsere Behandlung.

Abb. 74 führt den Herd vor, der in seiner Form, ebenso wie in der Ausbildung der „Wasserlichtzüge" dem Fall Abb. 72 und 73 fast völlig gleicht. Bemerkenswert ist die inselartige Zone in beiden Fällen, die einer stehengebliebenen Partie fast intakten Epithels anzugehören scheint. Oberhalb des Herdes ziehen Tränenschlieren als lichtstarke, durch Ringlichtzüge unterbrochene Streifenlichtzüge. Links vom Hauptherd liegt ein zweiter, kleinerer, von gleicher Konfiguration. Er dürfte aus drei Bläschen entstanden sein, was man aus den zwei einschnürenden Lichtzug-Lichtfeldbezirken schliessen kann. Abstand 100 mm.

Abb. 75 ist nach Einwirkung des Oberlides aufgenommen. Es ist deutlich zu sehen, dass der linke Nebenherd aus vier Bläschen besteht, die eben konfluieren, ferner, dass der Hauptherd aus einer sehr grossen Anzahl Bläschen hervorgegangen ist, die sich um den zentralen Epithelrest lagern. Rechts vom Hauptherd deuten sich vielleicht zwei Nebenherde an, die in Abb. 74 andeutungsweise, aber in viel kleinerem Ausmasse zu sehen sind. Abstand 100 mm.

Nach dieser Aufnahme wurde der Herd mit Jodtinktur betupft und am nächsten Tage

Abb. 76 angefertigt. Die Veränderungen durch das Betupfen mit Jodtinktur sind ohne weiteres zu erkennen. Das Bild zeigt keine ganz glatte Oberfläche, denn man erkennt bei näherem Hinsehen verwaschene, dichtere Schwärzungsareale. Abstand 110 mm.

Abb. 77, 3 Tage nach der Jodbetupfung aufgenommen. Der Herd ist merklich kleiner; man sieht starke, zahlreiche, den Tränen angehörige Lichtzüge. Links und rechts vom Herd, an dessen unterem Ende je einen Zug von Ringlichtzügen, der in der linken Hälfte in ganz unscharfe, lichtschwache, wechselnd geschwärzte Plaques übergehen. Die Tränen verdecken hier zweifellos eine grössere Unebenheit. Abstand 110 mm.

Abb. 78, 8 Tage später. Die Herdstelle ist ohne weiteres im Bilde zu sehen. Ihre Ausdehnung ist die gleiche, wie in Abb. 77, wenn man zu dem Herd die beiden seitlichen, flügelartigen Stellen zurechnet. Die eigentliche Herdstelle ist durch die lichtstarken Lichtzüge gekennzeichnet, die in der Nachbarschaft einer Netzzeichnung Platz machen. In den übrigen Teilen des Bildes, nach aussen abnehmend, ist eine feine Wabennetzung angedeutet, in der Reproduktion nur in der Nachbarschaft des Herdes zu sehen. Abstand 100 mm.

Nach weiteren 6 Tagen entstand

Abb. 79. Die Unebenheiten, die auf den Herd zurückgehen, sind bloss angedeutet, doch ragen einzelne, verwaschene Lichtzüge aus dem aufgehellten Gebiet hervor. Abstand 110 mm.

Abb. 80, das Furchenbild, verrät die Umstellung, die durch die Erkrankung in der Ausbildung der Furchen eintrat. Während die obere Bildhälfte eine gewisse Regelmässigkeit erkennen lässt, macht die untere Hälfte, besonders an der ehemaligen Herdstelle den Eindruck der Unordnung oder Umordnung. In der linken Hälfte bis zum Bezirke der Herdstelle ist eine gewisse Parallelstellung der wagrechten Lichtzüge unverkennbar, die vom Bezirk der ehemaligen Herdstelle an einen regellosen Verlauf auch der lichtstärkeren Lichzüge zeigt. Abstand 110 mm.

Aus den bisher mitgeteilten Krankengeschichten ist zu sehen, dass immer dort, wo eine Neubildung von Epithel vor sich geht, der Charakter der Anordnung des Furchenbildes abgeändert wird, was sich noch längere Zeit nach klinischer Abheilung nachweisen lässt.

Die nächste Bildfolge stammt von einem Herpes corneae:

Abb. 81. Wechselnd grosse und wechselnd zueinander gelagerte Ringlichtzüge, teils geschlossen, teils ineinander übergehend. Rechts von der Mitte ein Herd von ähnlicher Form und Begrenzung wie in den Bildern der Keratitis dendritica, Abb. 72 und 74. Auch hier ist ein inselförmiges Bereich im Zentrum des Herdes zu finden. Die Hornhaut war von einer grossen Zahl von Bläschen verschiedener Grösse bedeckt. Abstand 120 mm.

Abb. 82. Einige Tage später aufgenommen, weist eine grosse Zahl von kleinen Ringen auf. Rechts, etwas unter der Mitte, ein verwaschenes Schwärzungsfeld, welchem eine ausgedehntere Hohl- oder Voll-Form in Gestalt einer walzenförmigen Erhebung oder wannenartigen Vertiefung zugrunde liegen muss. Oberhalb und aussen von diesem Gebiet konglomerierte Ringlichtzüge, die einer Haufenbildung von Bläschen angehören. Man sieht Schatten von Salbenbröckeln; nur stellenweise deutliche Punktnetzung. Abstand 100 mm.

Abb. 83 zeigt das Reflexbild nach weiteren 6 Tagen. Ringlichtzüge treten in diesem Bild an Zahl, nicht an Grösse, zurück. Die obere Hälfte ist von einem Lichtzugsystem eingenommen, welches, schwärzungsfreie Areale zwischen sich schliessend, einen wabenartigen Aufbau hat. Abstand 100 mm.

Ein solches Bild wird verständlich, wenn man annimmt, dass die einzelnen Bläschen, grösser geworden, platzen und hart aneinandergrenzen. In der Tat fanden sich an der Spaltlampe zarte, mit Fluoreszein färbbare Stellchen, die aber keinen Zusammenhang erkennen liessen. Man muss immer bedenken, dass der reflektierende Hornhautbezirk ja nur 6 mm gross ist, also Feinheiten, wie sie sich in der Reflexprojektion kundtun, nicht leicht mit der Spaltlampe wiedergefunden werden können, ganz abgesehen von Wölbungseigentümlichkeiten, mögen sie konkav oder konvexer Art sein, die an der Spaltlampe nicht als etwas Besonderes erscheinen müssen, in der Reflexprojektion aber eine hervorragende Rolle spielen. Kurz sei nochmals darauf hingewiesen, dass Trübung und Oberflächenbeschaffenheit ganz inkommensurable Dinge sind.

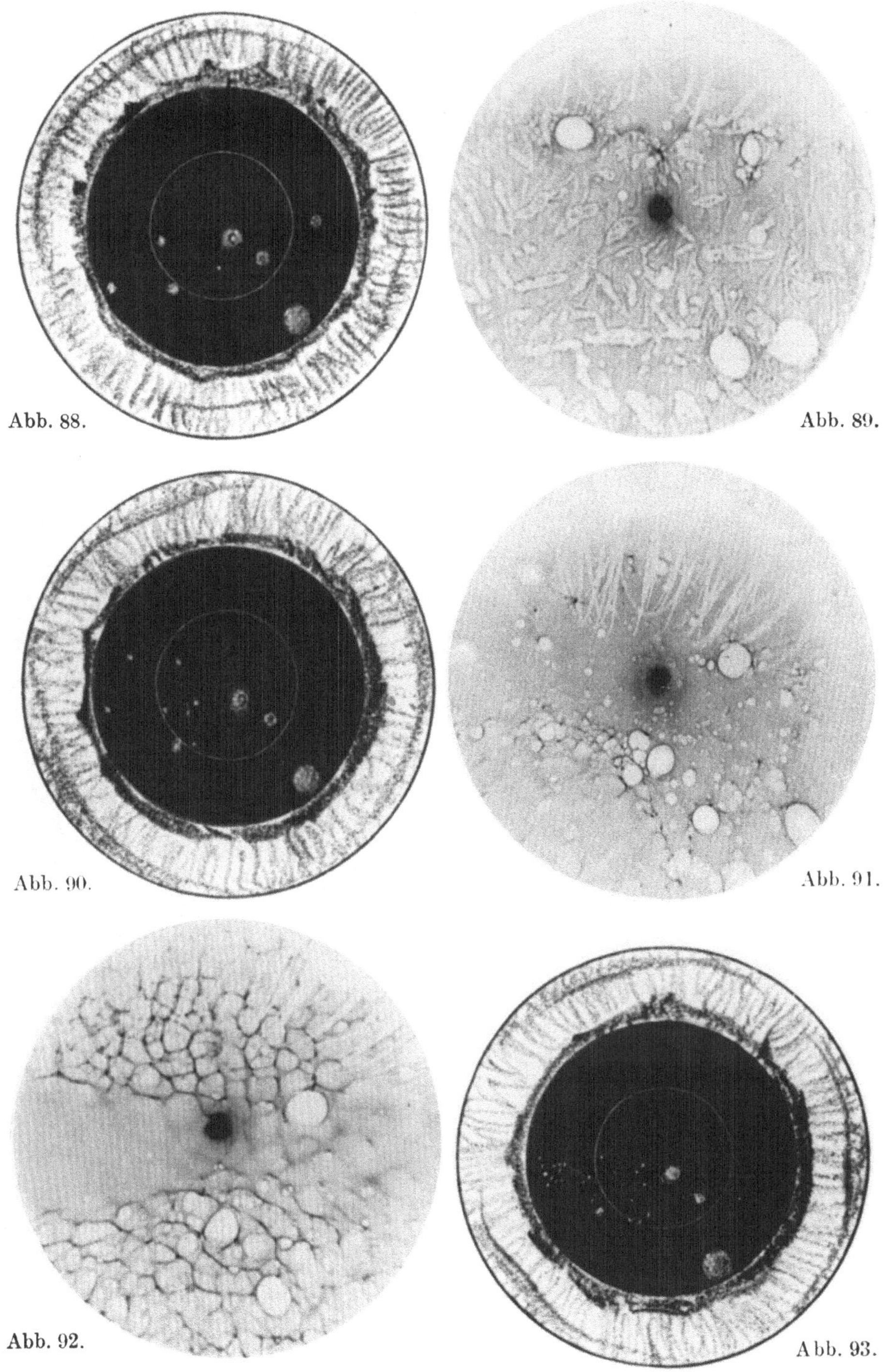
Abb. 88.
Abb. 89.
Abb. 90.
Abb. 91.
Abb. 92.
Abb. 93.

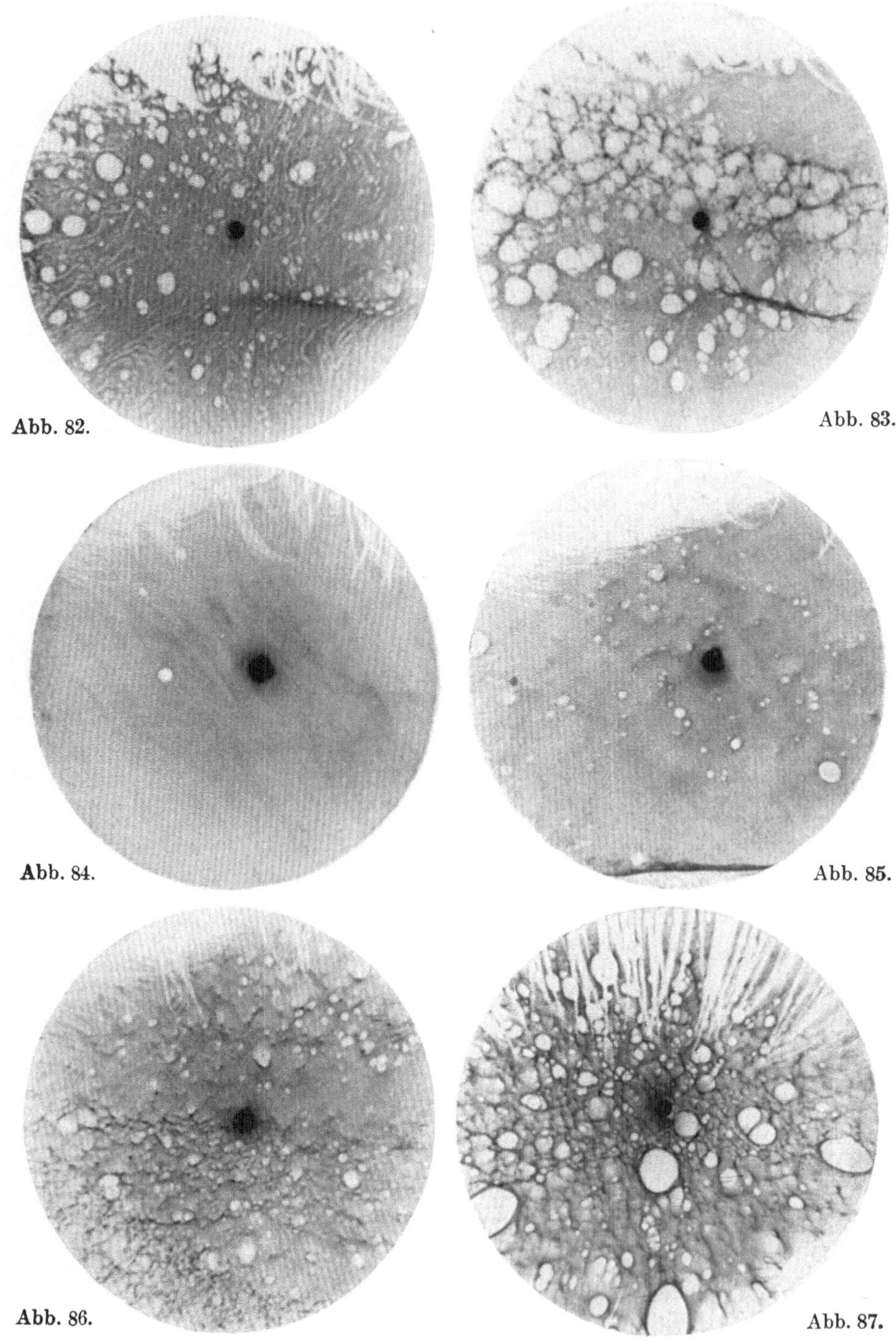

Abb. 82.

Abb. 83.

Abb. 84.

Abb. 85.

Abb. 86.

Abb. 87.

An gleicher Stelle, die Stellung des Auges ist gegen das vorherige Bild etwas abgeändert, wie in Abb. 82, findet sich der breite, hier scharf konturierte Lichtzug, oberhalb von ihm, in die Waben übergehend, der Ringlichtzughaufen, der sich in eine Punktnetzung umgewandelt hat. Punktnetzung ohne Felderung findet sich im ganzen Bild mit Ausnahme der lichtlosen Felder.

Abb. 84. Beim nächsten, 8 Tage später aufgenommenen Bilde, bei klinischer Heilung, ist auch im Reflexbilde nichts Wesentliches zu sehen. Die Tränensekretion war verstärkt. Abstand 100 mm. Nach weiteren 8 Tagen zeigt sich in

Abb. 85, beim Blick nach oben, das Wiederauftreten zahlreicher, kleinerer Ringlichtzüge und verwaschener Unebenheiten. Schön ist der Limbus markiert. Abstand 100 mm. Schon im nächsten Bild, am nächsten Tage aufgenommen,

Abb. 86, ist die Zahl dieser Veränderungen merklich vermehrt und ein Übergang von Unebenheiten, also Stellen differenter Schwärzung, zu einer Wabennetzung vor allem in der unteren Bildhälfte unverkennbar. Bläschen, also Ringlichtzüge, sind wieder da, wenn auch in geringerer Zahl als vor dem Rezidiv, denn um ein solches handelt es sich. Klinisch waren nur ganz spärliche Bläschen zu sehen. Abstand 100 mm.

Diesem Herpesfall sei das Reflexbild einer Keratitis superficialis ekzematosa gegenübergestellt.

Abb. 87. Eine Ähnlichkeit mit dem Reflexbild des Herpesfalles ist vorhanden. Die Unebenheiten mögen in beiden Fällen annähernd gleich gross sein, doch haben sie entschieden ungleichen Charakter. Hier stehen die Ringlichtzüge zwar dicht nebeneinander, gehen aber nicht ineinander über. Es zeigt sich auch hier eine Wabennetzung. Die Maschen der Netzung sind geschwärzt. Die Ringlichtzugformen prävalieren bei der Keratitis. Abstand 105 mm.

Diesen Fall waren wir leider nicht in der Lage längere Zeit zu beobachten. Ihm sei ein anfangs klinisch ähnlicher Fall angeschlossen, der sich aber später zur Dystrophia epithelialis entwickelt. Er trug ausserdem drei Narben nach Fremdkörperverletzungen.

Abb. 88. stellt eine Skizze der klinisch nachweisbaren Veränderungen dar, gezeichnet wie alle Spaltlampenbilder bei 40facher Vergrösserung. Der kleine weisse Kreis bezeichnet den reflektierenden Bezirk.

Ich möchte zu dieser Skizze bemerken, dass sich eine Zeichnung nicht in so exakter Weise mit den topographischen Verhältnissen deckt wie ein Photogramm, ferner erinnern, dass Trübungen sich nicht in den Reflektogrammen manifestieren, sondern nur Oberflächenveränderungen.

Abb. 89. Das Reflexbild am selben Tage. Es sind viel Salbenbröckel zu sehen, die die Oberfläche verdecken und Glattheit vortäuschen und vier grosse Ringlichtzüge, zwischen denen kleinere den Blick kaum auf sich ziehn. Bei genauem Hinsehen nimmt man durch das Gewirr der Salbenbröckel die Andeutung einer Punktnetzung wahr. Abstand 105 mm.

4 Tage später ist das nächste Bild,

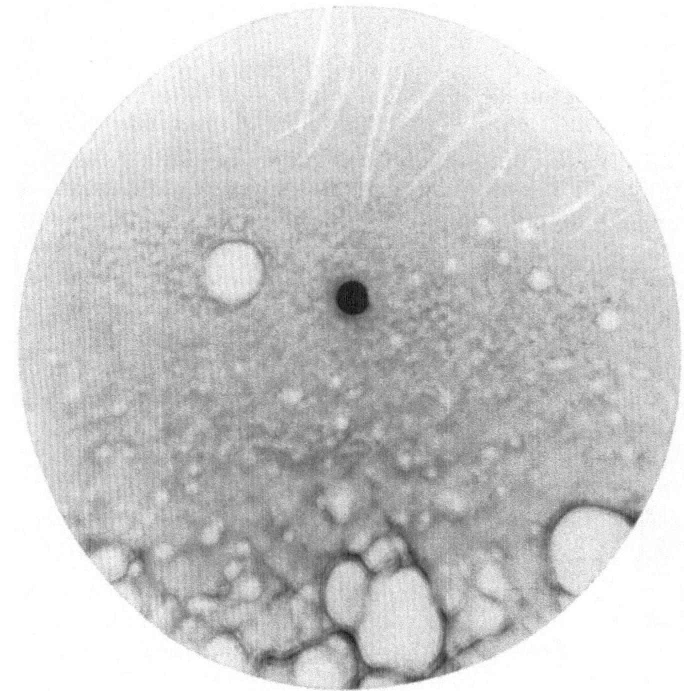

Abb. 94.

Abb. 90, gezeichnet. Man sieht eine Vermehrung der Herdchen.

Im Reflexbild,

Abb. 91, wird die Vermehrung der Herde als Vermehrung der Ringlichtzüge deutlicher. In der linken Bildhälfte zeigen sich neben kleinen, geschlossenen Ringlichtzügen, im Halbkreis angeordnet, ein Gewirr von anastomosierten Lichtzügen, die unten in Beziehung stehen zu rechts gelegenen, ähnlichen, die ihrerseits wieder mehr den Charakter der geschlossenen Ringlichtzüge haben. Abstand 105 mm.

Abb. 92 lässt die Verhältnisse nach Einwirkung des Oberlides erkennen. Das Bild ist sehr ungewöhnlich, denn es tritt ein Netzwerk von Lichtzügen zutage, welches den pflastersteinartigen Lichtzügen, die als Furchenbild nach Einwirkung des Lides sonst auftreten, nicht gleich ist. Dass das Netzwerk aber auch durch Furchenbildung veranlasst ist, zeigen die Lichtzüge links oben, die in der gewöhnlichen Art verbreitert erscheinen und Lichtpunkte führen, die sich wie die Schnittkurven kaustischer Strahlenflächen verhalten. Ferner sind die Ringlichtzüge ausgespart. Neben dieser Felderung ist eine viel lichtschwächere Netzung ohne Lichtpunkte sichtbar. Abstand 105 mm.

Abb. 93. Fast einen Monat später gezeichnet. Man sieht eine weitere Zunahme der Herdchen.

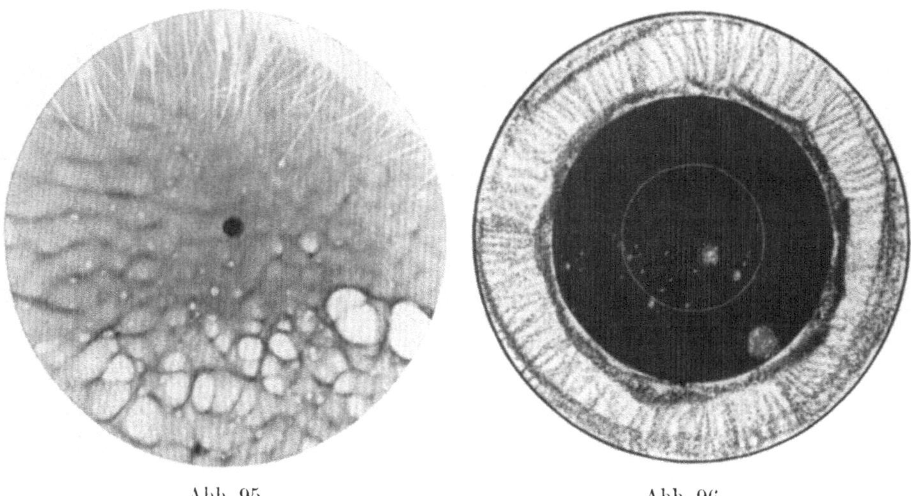

Abb. 95. Abb. 96.

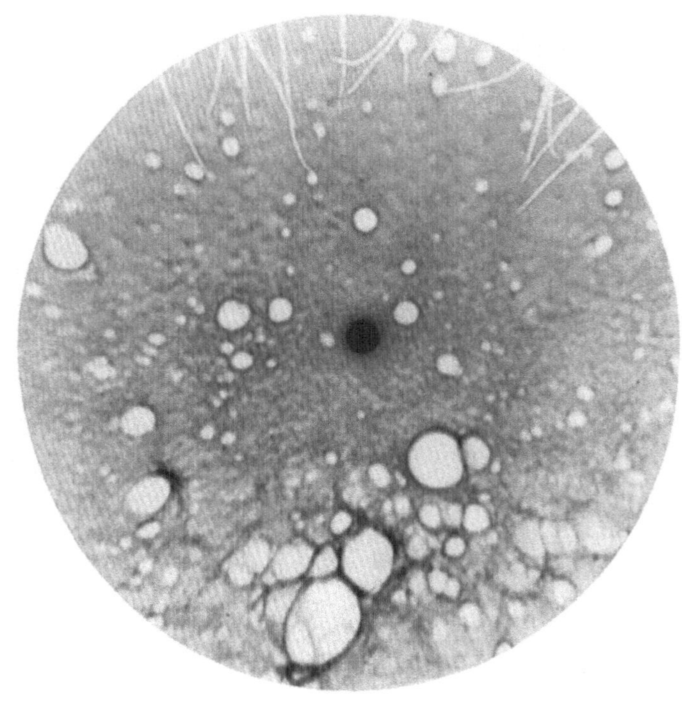

Abb. 97.

Im Reflexbild.

Abb. 94, sieht man sehr deutliches Konfluieren der Herde. Alle lichtstarken Lichtzüge zeigen einen seitlich gelegenen Begleitreflex. Das charakteristische Aussehen des übrigen Bildes ist vor allem durch eine Punktnetzung ohne Felderung hervorgerufen. Auch diese zeigt interessanterweise Begleitlichtzüge. Die Erscheinung erinnert an Beugung. Abstand 120 mm. In

Abb. 95, das wiederum einige Tage später aufgenommen ist, ist die Konfluierung noch ausgeprägter. Die Begleitreflexe sind hier auch kenntlich. In der linken Hälfte sind Furchenlichtzüge knapp vor ihrem Vergehen zu sehen. Nur die kleinen, verwaschenen Ringlichtzüge gehören den Tränen an, sie haben keine Begleitlichtstreifen. Abstand 120 mm. In

Abb. 96, 14 Tage nach Abb. 93 gezeichnet, zeigt sich eine geringe Verbesserung des klinischen Befundes, die im zugehörigen Reflexbild,

Abb. 97, an der geringen Zahl der Herdchen und deren Ausdehnung sich bemerkbar macht, deren Konfluenz kaum noch in Erscheinung tritt. Dagegen ist in diesem Bilde die Punktnetzung unverkennbar. Abstand 110 mm. Nach Einwirkung des Oberlides,

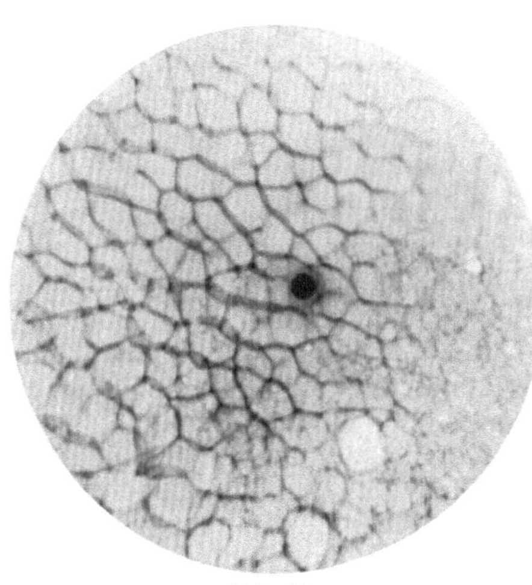

Abb. 98.

Abb. 98, erscheint bis auf die untere Hälfte des Bildes von Veränderung fast frei. Es zeigt sich ausserdem eine Wabennetzung. Die untere Bildhälfte lässt ausgespaarte Areale von etwa eirunder Form in reichem Masse erkennen. Abstand 110 mm.

Endlich seien als letzte Folge eine Reihe Bilder von den beiden Augen einer älteren Frau wiedergegeben, deren Hornhäute rechts mehr wie links von wechselnd grossen grauweissen Punkten und fleckförmigen, scheinbar subepithelialen Trübungen bedeckt waren; es war eine typische Keratitis punctata superficialis.

Abb. 99 zeigt die Veränderungen an beiden Augen in zeichnerischer Darstellung. Die kleinen, weissen Kreise begrenzen die reflektierenden Partien.

Das zugehörige Reflexbild des rechten Auges zeigt

Abb 100. Es finden sich eine Menge wechselnd grosser, teils miteinander zusammenhängender, teils geschlossener Ringlichtzüge, zwischen und um diese eine Punktnetzung, deren Maschen ungefähr rechteckig und deren Grenzen stäbchenförmige Lichtfelder sind. Abstand 120 mm.

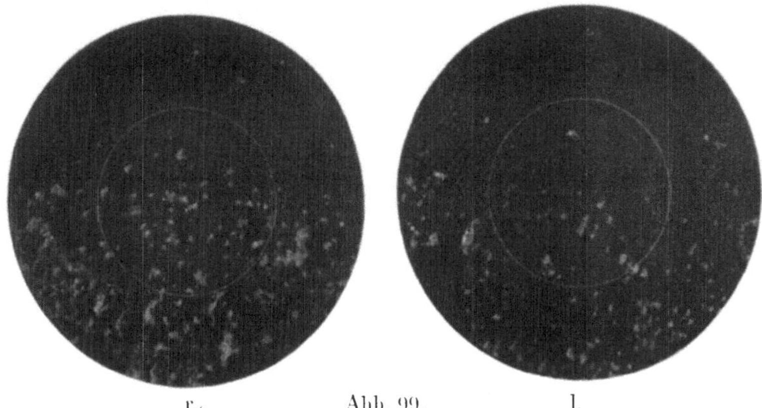

r. Abb. 99. l.

Das Reflexbild des linken Auges zeigt

Abb. 101. Das Bild erinnert ungemein an Herpesreflektogramme. Zahlreiche Bläschen, die isoliert stehen, und nur links Konfluenz zeigen. Die Netzung, wie in Abb. 100, ist wohl zu sehen, aber viel undeutlicher als in diesem. Abstand 120 mm.

Abb. 102 gibt den zeichnerischen Befund beider Augen, etwa einen Monat später wieder.

Abb. 103, das Reflexbild des rechten Auges am gleichen Tage. Die Herde sind grösser, zeigen fast alle Doppelkonturen, viele kleine neue sind aufgetreten, es fehlt aber die Netzung. Abstand 120 mm.

Abb. 104 gibt das Reflexbild des linken Auges. Auch hier neben Vermehrung und Vergrösserung der Herde, Auftreten von Doppelkonturen, aber Andeutung der Punktnetzung. Reichliche Tränenschlieren. Abstand 120 mm.

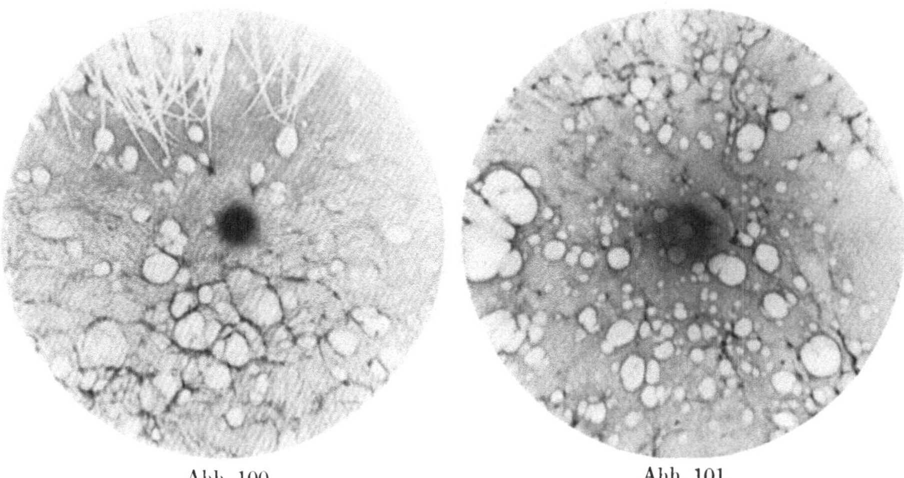

Abb. 100. Abb. 101.

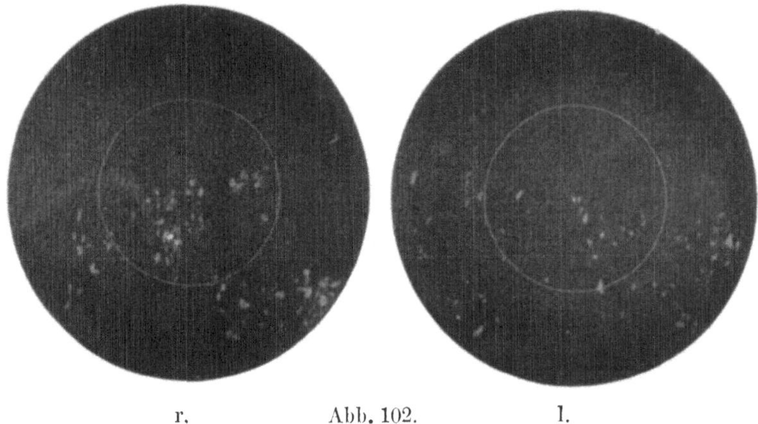

r. Abb. 102. l.

Abb. 105. ½ Monat später gezeichnet. Klinisch ist der Befund wesentlich gebessert.

Das zugehörige Reflexbild des rechten Auges,

Abb. 106, aber bringt neben Veränderungen im unteren Bildteil, die eher einem Rückgang der pathologischen Veränderungen entsprechen, im oberen Teil eine erosionsähnliche Stelle, die sich vom Reflexbild einer Erosion aber durch die Felderung unterscheidet. In der rechten Bildhälfte des Furchenbildes ist nur angedeutet, in der unteren Bildhälfte ist deutlich die Wabennetzung zu sehen. Abstand 120 mm.

Das Reflexbild des linken Auges zeigt

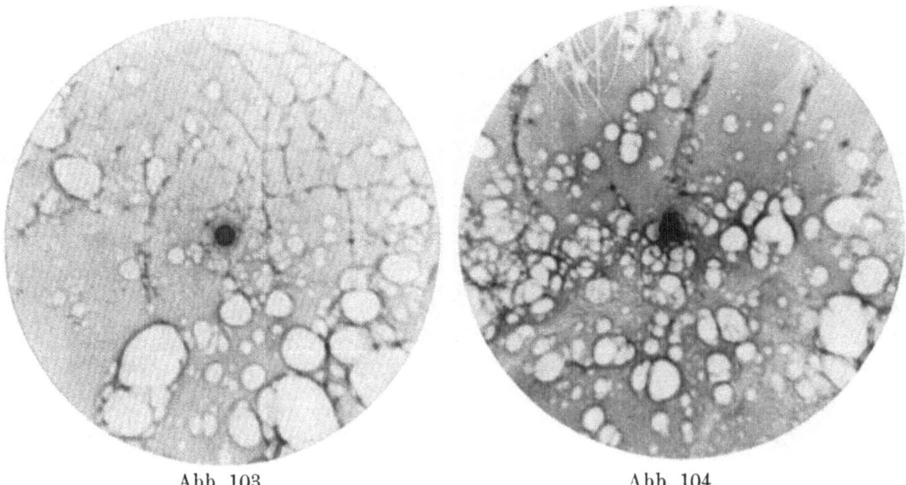

Abb. 103. Abb. 104.

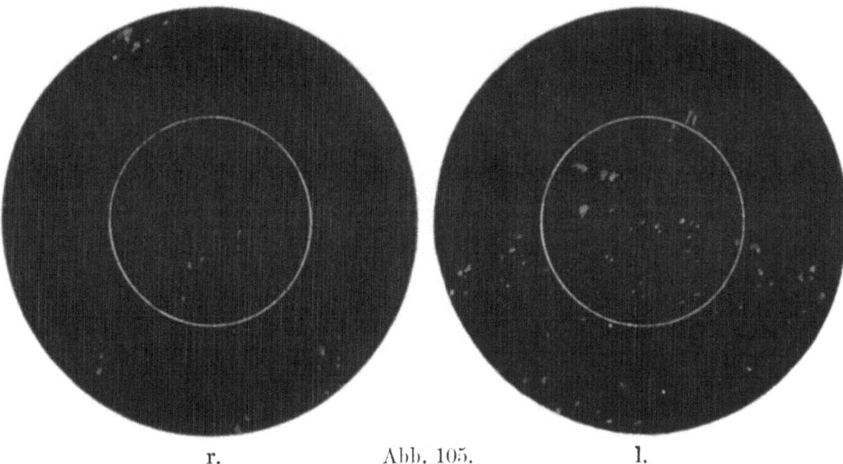

r. Abb. 105. l.

Abb. 107. Hier sind die Herdchen vergrössert und vermehrt. In dieser Abbildung ist links eine kleine, rechts eine grosse Zone zu finden, die eine wabenartige Felderung, ähnlich der in Abb. 106, erkennen lassen, die die Herde sowohl von Erosionen wie von Herpesefflorescenzen unterscheiden. Auch in der Bildmitte ist ein solcher grösserer Herd zu sehen. Ferner ist die Abbildung ausgezeichnet durch den Besitz einer sehr deutlichen Punktnetzung. Hier kann man auch sehr schön feststellen, dass die Punktnetzung geweblicher Herkunft ist, da Tränen von entsprechender Zusammensetzung, oder wenn sie irgendwelche feste Elemente haben, die Punktnetzung, wie in der Mittelpartie oben, verdecken. Abstand 120 mm.

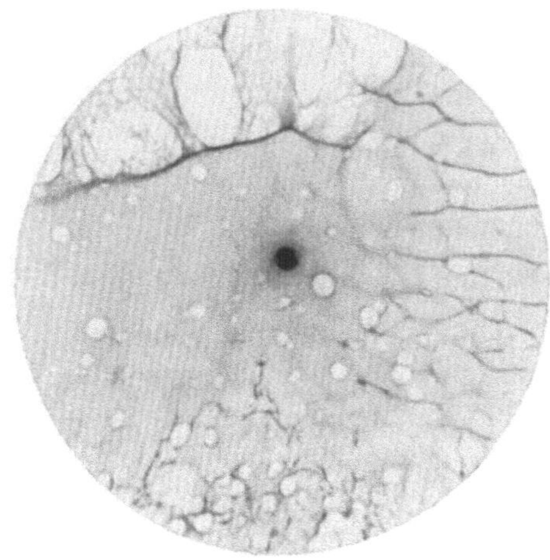

Abb. 106.

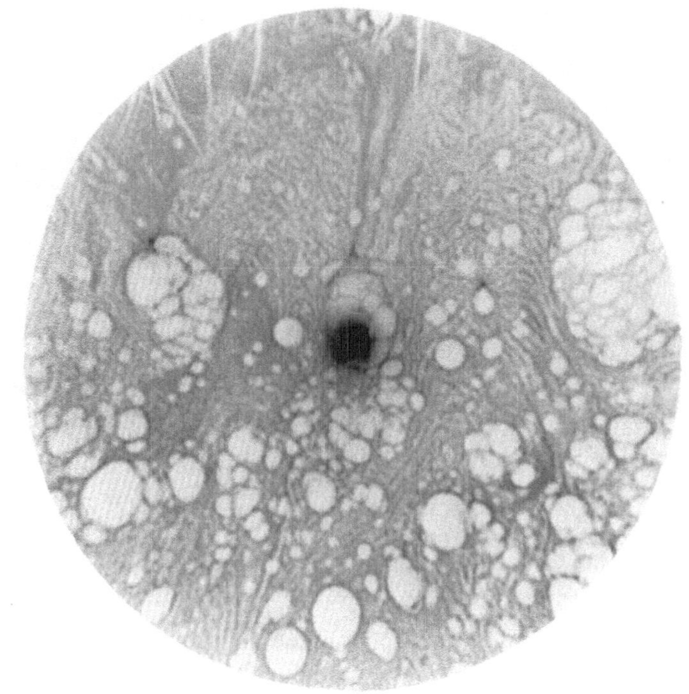

Abb. 107.

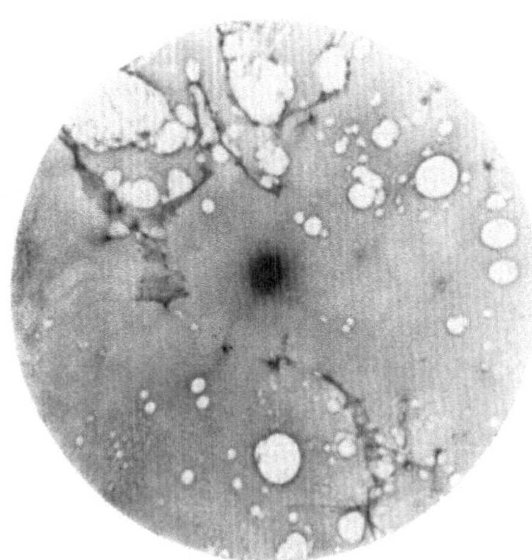

Abb. 108.

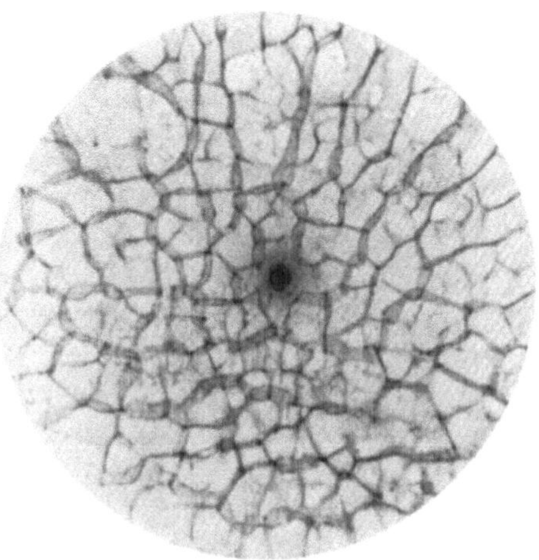

Abb. 109.

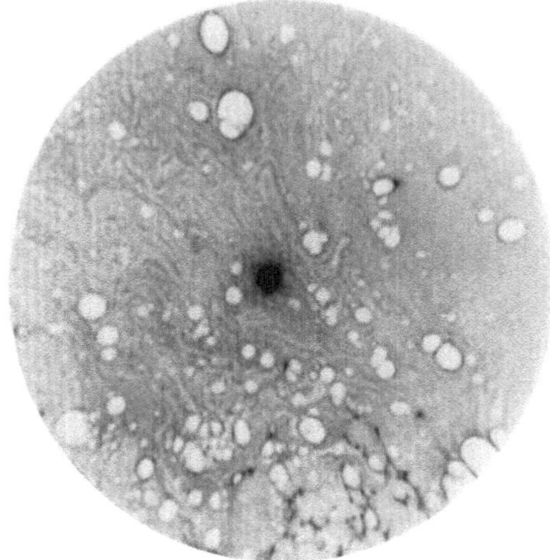

Abb. 110.

Abb. 108 zeigt das Reflexbild des rechten Auges nach weiteren 3 Wochen. Zwei grosse Herde oben, dort, wo die erosionsähnliche Stelle lag, rechts unten Ringlichtzüge mit Konfluenz. Hier und da zeigt sich die Punktnetzung. Reichlich Tränenreflexe, sehr lichtstarke, vorhangartige Lichtzüge. Abstand 120 mm.

Abb. 109. Das Reflexbild nach Einwirkung des Oberlides. Die zwei Herde sind ausgespart. Rechts unten sind die Furchenlichtzüge unterbrochen und verworfen. Alle Furchenlichtzüge sind verbreitert, es ist die erste Phase ihres Auftretens diesmal fast auf allen Teilen der Abbildung festgehalten. Rechts oben sind kleinere Maschen und Andeutung einer Netzung zu sehen. Abstand 120 mm.

Abb. 110, das Reflexbild des linken Auges, in welchem die Mitte normale Beschaffenheit aufweist, die Herdchen nach Zahl und Grösse gegenüber der letzten Aufnahme, Abb. 107 verringert erscheinen. Aggregation und Konfluenz treten aber wieder in Erscheinung. Die Punktnetzung ist sehr deutlich ausgeprägt. Abstand 120 mm.

Die wiedergegebenen Reflektogramme menschlicher Hornhäute dürften den Beweis erbracht haben, dass sich Oberflächenveränderungen und ihr Schicksal im Verlauf der Erkrankung recht gut im Reflexbild darstellen lassen. Als gutes Hilfsmittel erwies sich das Furchenbild, in dem Veränderungen des Epithels als Aussparungen sichtbar werden und selbst nach Abheilung und klinisch wieder völlig normalem Befund als Umgestaltung des normaliter eintretenden Furchenbildes in Erscheinung treten. Bei der Wabennetzung, der Doppel- und Punktnetzung hat vor allem die Analogie mit dem Endothelbild, wenn ich so sagen darf, Abb. 12, nach Luftfüllung der Vorderkammer, den Gedanken nahe gelegt, dass diese Reflexgruppierungen von den Zelloberflächen und Zellgrenzen herrührten. Ihre Grösse, Gestalt, Regelmässigkeit und Anordnung haben diese Hypothese nicht unwahrscheinlich erscheinen lassen, wozu noch kommt, dass die Waben- und Punktnetzung sich bei Tier- und Menschenhornhaut vorfand, dass Übergänge zwischen diesen beiden Gruppierungen bestehen, ja, dass sie in ein und demselben Bild ineinander überzugehen scheinen, bzw. überführt werden können. Die Doppelnetzung freilich und die Punktnetzung mit Felderung ist ausschliesslich in den Bildern zu finden, entstanden nach Einwirkung von Tropfmitteln. Während es bei den genannten netzartigen Reflexgruppierungen nicht aussichtslos erscheint, sie mit bekannten anatomischen Strukturen in Übereinstimmung zu bringen, verbietet schon die Feldergrösse beim Furchenbild, dieses zu Zellen in Beziehung su setzen. Es ist aber ein anderes anatomisches Substrat, an welchem jene Furchen entstehen könnten, unbekannt und auch nirgendswo beschrieben, dass sich eine bevorzugte Abgrenzung mehrerer Zellen, also Vereinigung mehrerer zu einem Verbande, an der Hornhaut vorgefunden und in irgendeiner Weise merkbar gemacht hätte[1]). Dass nicht anatomische oder mikroskopische Gegebenheiten, sondern die feinbauliche Struktur des Epithels allein die Ursache der Furchenbilder sein sollte, ist wenig wahrscheinlich.

Geht man vom Tatsächlichen aus, so ist folgendes an der Erscheinung sicher: Es entstehen im Epithel Furchen infolge mechanischer Beeinflussung, die nach deren Aufhören spurlos verschwinden. Dass Furchen entstehen, lässt sich mit dem Lupenspiegel, mit dem Binokularmikroskop und vor allem entoptisch einwandfrei nachweisen; dass diese Furchen die pflastersteinartigen Lichtzüge im Reflexbild erzeugen, ist nach ihrer Art, Form und Gruppierung ohne weiteres einleuchtend; dass sie im Epithel entstehen, beweist ihr Fehlen nach Abrasio desselben, was sich mit jeder Methode nachweisen lässt; dass sie mechanisch veranlasst werden, bedarf nicht des Beweises. Ob sie nur mechanisch hervorgerufen werden können, weiss ich nicht, mir ist es auf andere Weise nicht gelungen. Gerade der mechanische Faktor bedarf der Analyse. Dass nicht das Material, mit welchem die mechanische Beeinflussung durchgeführt wird, etwas zu bedeuten hat, wurde schon ausgeführt, es ist prinzipiell gleichgültig, ob man Oberlid, Unterlid oder irgendein glattes und feuchtes Gewebsstück benutzt; es darf nur nicht die Intaktheit

[1]) Anmerkung bei der Korrektur: Mit Hilfe der Vitalfärbung nach Knüsel und Vonwiller gelingt es, das Furchenbild aufzuklären. Es entsteht bei Beanspruchung auf Scheerung der präformierten Zellaggregate des Hornhautepithels, welches einem physiologischen Schuppungsprozess unterliegt.

der Epitheloberfläche versehren. Ebenso ist die Richtung der Wischbewegung belanglos. Wesentlich ist nur, dass gewischt wird. Die Wischbewegung erfordert einen gewissen mässigen Kraftaufwand und es wird während des Wischens ein Druck gegen die Unterlage, d. i. das Epithel, ausgeübt. Nehmen wir an, der wischende Finger habe das Oberlid nach unten bewegt und die Lidspalte verschlossen. Ich glaube, sagen zu können, dass dieser erste Teil des Vorgangs ohne grosse Bedeutung ist, mag er auch das Phänomen inaugurieren. Dann drückt der Finger auf das geschlossene Auge, um das Lid zu heben, also die Lidspalte etwas zu öffnen. Dadurch wird der zuerst vom Lid nicht bedeckte Teil des Epithels druckentlastet, der nach oben benachbarte eben gedrückt, und so fort, bis die Lidbewegung beendet ist. Dabei wird der Druck nicht radiär, sondern schräg in der Richtung einer Sekante gegen das Epithel wirken, Beanspruchung auf Scheerung. Die Tränenschicht wird bewegt werden, und zwar in zweierlei Hinsicht; wo der Druck eben wirkt, wird sie weggedrückt werden, im ganzen aber der Richtung der Lidbewegung folgen; wo das Lid eben vorbeiglitt, wird sie nachfliessen. Durch die Druckabfolge wird das ganze Epithellager in Areale, die eben gedrückt waren, und solche, die eben gedrückt werden, gegliedert. Je nach der Schnelligkeit der Wischbewegung werden noch nicht gedrückte unweit nicht mehr gedrückter und wieder in ihre Ausgangsstellung rückkehrender Areale liegen. Die Oberfläche wird also für alle Fälle einen welligen Charakter erhalten. Nun muss man noch einige Eigentümlichkeiten des Epithels berücksichtigen. Das Epithel ist weich, ohne grosse Elastizität und leicht deformierbar, wie man bei Versuchen mit stumpfen Instrumenten vor dem Schirm an dem Auftreten und Vergehen von charakteristischen Reflexgruppen zeigen kann. Die fünf Zellagen platten sich nach oben ab, sie überdecken sich vielfach, um schliesslich an der obersten Schicht dachziegelartig übereinander geschoben zu sein. Macht man nur die eine Annahme[1]), dass dieser Aufbau, wie man das ja von anderen Epithellagern, besonders der äusseren Haut, kennt, die Disposition zu Schuppenbildung abgibt, so könnte diese unter der Einwirkung eines Druckablaufes, wie er eben geschildert wurde, manifest werden und als Runzel- oder Furchenbildung in seiner Gesamtheit zutage treten und die Wellung der Oberfläche unterteilen. Zur Weichheit gesellt sich eine hohe Verklebbarkeit, die natürlich dort, wo mechanische Diskontinuitäten präformiert oder in Bildung begriffen sind,

---

[1]) Siehe Anmerkung S. 78.

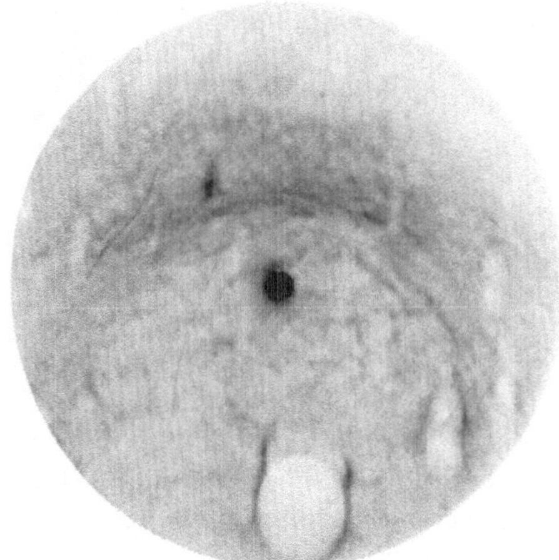

Abb. 111.

bei Scherung leicht überwunden wird bzw. gegen die Kohäsion innerhalb der Zellaggregate klein bleibt.

Die Erscheinung vergeht nach Aufhören des Druckes, um einer vollständigen Rückkehr zur Ausgangsform Platz zu machen, was seine Erklärung dahin finden könnte, dass nach Aufhören des Druckes infolge der Plastizität der Zellen und ihrer Weichheit die verschobenen und komprimierten Teile ihre anfängliche Lage allmählich wieder einnehmen, indem sie die alte Form anstreben und sich infolge ihrer Vergrösserung gegenseitig zurechtschieben und miteinander rasch verkleben. Dieser Erklärungsversuch würde mit der Eigentümlichkeit der Aussparung ganz gut übereinstimmen, wenn diese auf dem Fehlen des Epithels beruht, aber auch für den Fall, dass das Epithel vorhanden, aber verändert ist, bei welchen Fällen zu erwarten wäre, dass in den veränderten Stellen Weichheit, Konsistenz, Plastizität und Deformierbarkeit der Zellen und ihre Form und Lage abgeändert sind. Insofern wäre die feinbauliche Struktur des Epithels und auch sein Wassergehalt von Bedeutung für das Zustandekommen des Furchenbildes.

Auch Krümmungsänderungen zeigen sich im Reflexbild. Die letzte Bildfolge stammt von einem beginnenden Keratokonus bei einem 28 jährigen, welcher Keratokonus keine Neigung zum Fortschreiten hat. Abb. 111 zeigt vorwiegend im unteren Teile eine fast kreisförmige, hellere Zone, über welche die Tränen fliessen. Diese Zone setzt sich deutlich, wenn auch mit verwaschenen Grenzen, gegen die Umgebung ab. Unverkennbar ist eine Felderung der ganzen Abbildung, die im rechten Bildteil, wo die Tränen

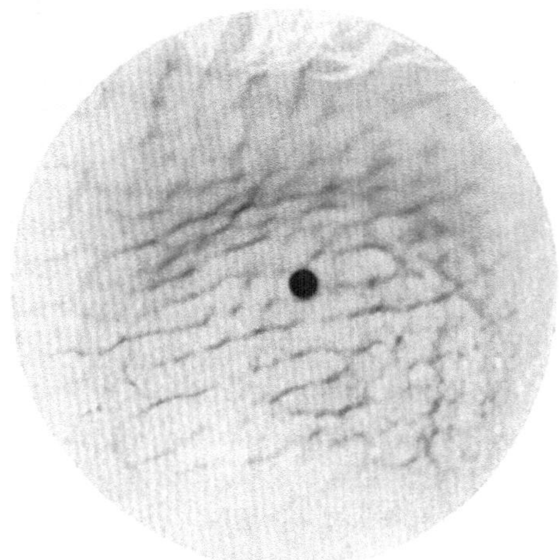

Abb. 112.

dichter liegen und bewegt scheinen — an den Doppelaufnahmen der Ringreflexe, die wie perspektivische Zylinderzeichnungen aussehen, weil sie fliessen, erkennbar — verbreitert und vergrössert erscheint. Abstand 100 mm. Nach Einwirkung des Oberlides,

Abb. 112, wird die helle Zone noch anschaulicher sichtbar, und zwar in ihrer ganzen Ausdehnung. An der Spitze und am Hang des Kegels ist die Felderung wieder gut zu sehen. Abstand 100 mm.

Mit Abb. 112 soll die Wiedergabe von Reflektogrammen menschlicher Hornhäute zum Abschluss kommen. Die beiden Bilder sollen zeigen, dass auch Wölbungsabweichungen im Reflexbild dargestellt werden können. Bei den Oberflächenveränderungen habe ich mir eine Beschränkung derart auferlegt, dass ich nur die Reflektogramme solcher Veränderungen wiedergegeben habe, die klinisch genau und exakt nur mit Hilfe besonderer Untersuchungsmethoden erforscht werden können, also zarte Oberflächenveränderungen, wie z. B. Keratitis superficialis punctata, Dystrophia superficialis, feinste Herpes superficiales, zarte Erosionen und dergleichen. Natürlich ergeben alle Oberflächenveränderungen, Ulzera, Keratitiden jeder Art, Glaukomhornhäute im Zustand der Stichelung usf. sehr deutliche, ja, ich möchte sagen charakteristische Reflexbilder, aber solche Oberflächenveränderungen festzulegen bedarf es vorläufig keiner neuen Methode. Auch bei diesen ex- und intensiveren Veränderungen lässt sich noch manches Eigentümliche im Reflexbild nachweisen.

Es ist mir schon aus äusseren Gründen unmöglich gewesen, mein gesamtes Bildmaterial auf einmal zu veröffentlichen, und weiteres wurde ich von der Erwägung abgehalten, eine solche umfangreiche, die gesamte Klinik der Hornhauterkrankungen, ja des vorderen Bulbusabschnittes umfassende Darstellung — denn es finden sich anscheinend auch bei klinisch intakter Hornhaut Veränderungen im Reflexbild — könnte den Eindruck des fertigen und abgerundeten machen. Davon, sowie vom Zeitpunkte an welchem es ratsam sein wird, eine Systematik der Erscheinungen im Reflexbild zu geben und etwa jeder Oberflächenveränderung das für sie charakteristische Reflexbild zuzuordnen, sind wir noch weit entfernt und es dürfte wohl noch eine geraume Zeit währen, bis wir über die zu einer solchen Systematik nötige, uns heute noch fast völlig mangelnde Kenntnis der Oberflächengestaltung im einzelnen, wie über eine umfassendere Kenntnis der Reflexarten und -gruppen verfügen werden. Zur Aufstellung einer Systematik reicht die Kraft und Fähigkeit eines einzelnen nicht aus, vor allem aber nicht seine kritische Veranlagung. Das hier Mitgeteilte bedarf nicht nur der Ergänzung, sondern vor allem der Bestätigung und kritischen Durchsicht vieler. Die beobachteten Tatsachen mögen wohl im ganzen richtig sein, dafür bürgt schon ihre photographische Festhaltung, aber die Deutung der Erscheinungen darf nur als erster Versuch gewertet werden, an dem sich noch manches wird ändern können und durch neue Beobachtungen und Versuche zu erhärten und zu erweitern sein wird, wie das bei einer bis jetzt noch nicht geübten Methode kaum anders sein kann. Daher möge der Hinweis genügen, dass ich mit der Wiedergabe von Krankengeschichten in Gestalt von zeitlich verschiedenen Reflektogrammen eines Falles nicht behaupten wollte, dass in jedem solchen Falle immer nur die hier mitgeteilte Reflexgruppierung auftreten müsse und sich nicht doch noch andere nachweisen liessen.

Schluss.

Aus ökonomischen Gründen wurde einstweilen von der Wiedergabe der Reflexbilder anderer reflektierender Oberflächen als der Hornhaut abgesehen. Die Hornhaut ist zweifellos das ergiebigste und klinisch am leichtesten darstellbare Gebiet der Reflexphotographie. Auch die Bindehaut, vor allem die des Bulbus, gibt schöne, interessante und aufschlussreiche Reflexbilder, deren hervorstechendstes Moment die lebhafte dem Radialispulse synchrone Pulsation einzelner Lichtzüge ist. Die Pulsationen reichen oft bis unmittelbar zum Limbus als Ausdruck der Pulsationen der Endkapillaren, ein Phänomen, das allerdings in ganz gesunden Augen nicht nachweisbar zu sein scheint, dagegen sind in ständiger Pulsation die Lichtreflexe, die dem Limbusplexus (Krückmann)[1]) angehören, zu sehen. Die Oberfläche der ganzen Bulbusbindehaut scheint in erster Linie durch die Gefässe nivelliert zu werden. Die Beobachtung der Zirkulation bzw. Pulsationsphänomene der Bindehaut vor dem Schirm dürfte eine gut anwendbare Methode der Erforschung dieser Besonderheiten und ihrer experimentellen Beeinflussung werden können.

Prachtvolle Reflexbilder ergibt die dem Auge entnommene Linse. Allerdings muss die Linse unter grösstmöglicher Schonung herauspräpariert und an einem Irisreste aufgehängt werden, so dass ihre Oberflächen gegen Luft zur Reflexion kommen können. Die Vorderfläche zeigt ein sehr regelmässiges Bild, welches als Punktnetzung bereits oft abgehandelt wurde, auch bei schonendster Präparation hie und da einmal unterbrochen von einem elliptischen, lichtlosen Felde. Die Hinterfläche gibt eine ganz glatte, monotone, radiär entsprechend der Wölbung abnehmende Schwärzung, in welcher auch nicht die Spur einer Netzung oder sonstiger Einzelheiten sichtbar wird. Da nur die Vorderfläche Epithel trägt, spricht dieser Befund wiederum sehr dafür, dass die Punktnetzung die Reflexwiedergabe eines durch Epithel bedingten Reliefes ist. Das tritt in den Bildern des Linsenäquators an der Grenze von Vorderfläche und Hinterfläche sehr deutlich hervor, wo durch den Ansatz der Zonulafasern, die sich als zartes Flechtwerk manifestieren, die Vorderfläche bis zur Epithelgrenze die Punktnetzung aufweist, die Hinterfläche aber ganz glatt erscheint. Verletzungen geben ein charakteristisches Bild, auf das ich nicht weiter eingehen möchte. Berieselungen mit den im experimentellen Teil verwendeten Lösungen blieben aber ohne Wirkung, wohl deshalb, weil das Epithel unter der Kapsel liegt. Dagegen werden Verletzungen der Hinterfläche sichtbar, wenn die Vorderfläche dem Lichte zugekehrt ist und nach Berieselung ausschliesslich der Vorderfläche noch deutlicher, weil dann der relative Brechungsquotient Flüssigkeit zu Linsenvorderfläche kleiner ist, als der Hinterfläche zu Luft.

Theoretisch ist zu erwarten, dass es auch gelingen wird, die Linse im Auge einer Darstellung im Reflexbild zugänglich zu machen. Bisher ist es mir trotz vieler Versuche infolge technischer Schwierigkeiten nicht gelungen.

Auch der Glaskörper ergibt ein Reflexbild, allerdings in gleicher Weise wie die Linsenhinterfläche. Es ist eine monotone strukturlose Schwärzung.

---

[1]) Berichte der Heidelberger Ophthalmologischen Gesellschaft 1927.

Über die Möglichkeiten, die die Reflexphotographie noch bietet, will ich mich nicht weiter verbreiten, über ihren Wert und Brauchbarkeit in wissenschaftlicher und klinischer Hinsicht möge die fernere Beschäftigung mit ihr Aufschluss geben. Mir lag daran, einen bisher nicht begangenen Weg der Darstellung von Oberflächen des Auges und ihrer Veränderungen methodisch gangbar zu machen und deren erste Ergebnisse bekannt zu geben.

Die Ausführung der Arbeit wurde mir durch die Unterstützung der Notgemeinschaft der Deutschen Wissenschaft und durch die stets hilfsbereite und unausgesetzte Anteilnahme meines Chefs, Herrn Geheimrat Hertel, möglich, denen ich meinen ergebensten Dank sagen möchte. Zu danken habe ich ferner Herrn Geheimrat Rinne, Vorstand des Mineralogischen Institutes in Leipzig, und Herrn Dr. S. Rösch, Assistent am selben Institut, für manchen Rat und manche Unterweisung.